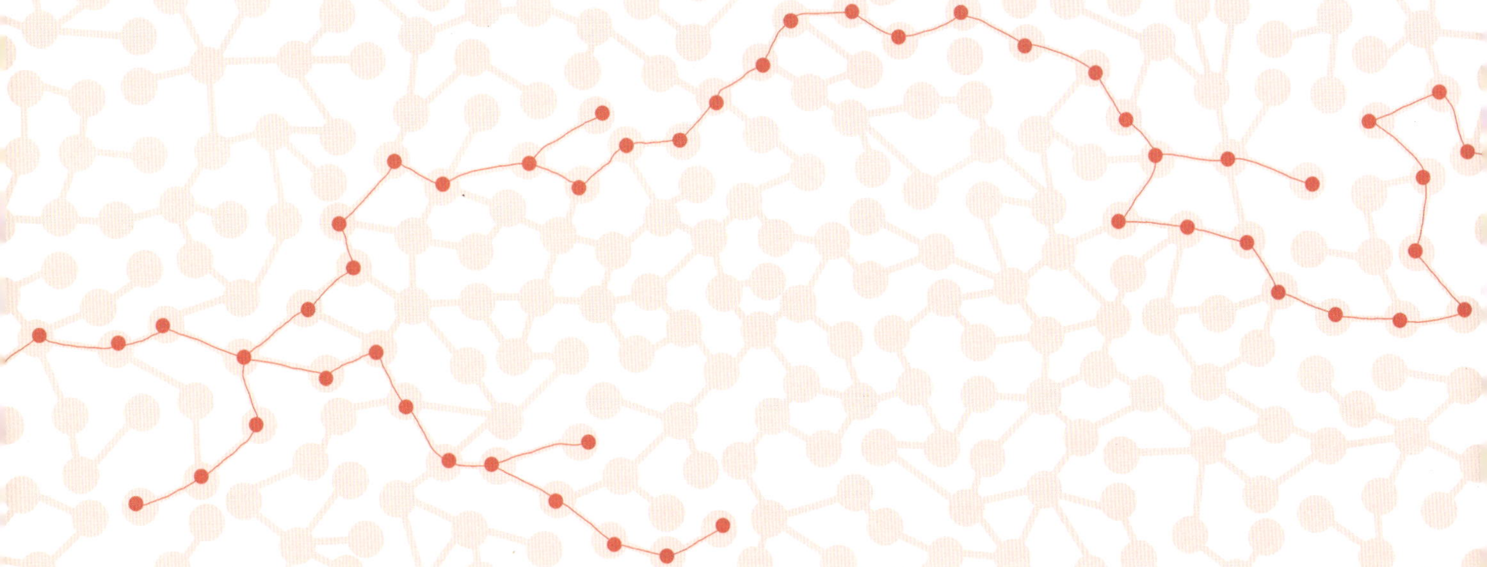

„It may be lucky, but it´s not an accident."

Chris Sacca

ISBN Print: 978-3-8006-6073-5
ISBN E-Book: 978-3-8006-6074-2

Satz Rosa-Sophie Hamburger
Druck & Bindung Westermann Druck Zwickau GmbH, Crimmitschauer Str. 43, 08058 Zwickau
Umschlaggestaltung Rosa-Sophie Hamburger & Hannah Hamburger
Illustrationen Hannah Hamburger
Fotografien Martin Funck
Font HK Grotesk & Nunito

www.vahlen.de

Gedruckt auf säurefreiem, alterungsbeständigem Papier
(hergestellt aus chlorfrei gebleichtem Zellstoff)

Hands on Design Thinking

Conrad Glitza
Rosa-Sophie Hamburger
Michael Metzger

Verlag Franz Vahlen München

Vorwort

In jedem Menschen schlummert ein Innovator. Das ist unsere feste Überzeugung. Und wir glauben, dass jeder Mensch lernen kann, dieses Innovationspotenzial in sich freizusetzen.
Die Methoden aus dem Design Thinking sind dabei eine besonders gute Unterstützung: Herausforderungen unterschiedlichster Art werden zunächst aus der Perspektive einer spezifischen Zielgruppe untersucht, um die zugrunde liegenden Möglichkeiten umfassend zu beleuchten. Erst danach geht es an die Problemlösung: Eine Fülle an Kreativitätstechniken befähigt dazu, um die Ecke zu denken, neue Querverbindungen zu knüpfen und abstrakte Ideen Wirklichkeit werden zu lassen.
Design Thinking ist jedoch kein Allheilmittel. Für Problemstellungen, deren Lösungen lineare Vorgehensweisen und klare Ja-Nein-Antworten erfordern, eignet sich Design Thinking nicht. Sobald Problemstellungen allerdings komplexer werden, unterschiedliche Personengruppen betroffen sind und die Fragestellung offen formuliert ist, liefern sowohl einzelne Methoden als auch der gesamte Design-Thinking-Prozess einen immensen Mehrwert.

„Man kann Design Thinking nur schwer erklären, sondern muss es selbst erleben", lautet eine Weisheit, die man häufig von Innovationsberatern hört. Doch tatsächlich gibt es zu dem sehr praktischen Ansatz fast ausschließlich theoretische und abstrakte Literatur.
Der feste Entschluss, ein Workshop-Erlebnis möglichst plastisch zwischen zwei Buchdeckel zu packen, stellte den Startschuss für unser Buch „Hands on Design Thinking" dar. Während der Lektüre blicken Sie daher die meiste Zeit einem Innovationsteam über die Schulter und werden auf diese Weise in den Innovationsprozess miteinbezogen – ein Leseerlebnis, das der tatsächlichen Teilnahme an einem Workshop so nah wie nur irgendwie möglich kommt.

Der Aufbau dieses Buches ähnelt dabei einem Trichter. Im einleitenden Kapitel „Ein bisschen Theorie" erhalten Sie relevante Grundlagen zu den Themen der Innovation und des Design Thinking. Im darauffolgenden Kapitel „Damit es klappt" werden die drei Elemente des Design Thinking (Prozess, Menschen und Räumlichkeiten) um weitere praxisorientierte Informationen ergänzt, die Ihnen den Transfer auf eigene Projekte erleichtern. Mit diesem Hintergrundwissen im Gepäck tauchen Sie im Kapitel „Hands on" in die Design-Thinking-Aufgabenstellung unseres Innovationsteams ein und lernen dabei die Arbeitsweisen und Methoden kennen. Abschließend finden Sie in „Eigenes Innovationsprojekt" Unterstützung, um zu bestimmen, mit welcher Zielsetzung am Horizont Ihre eigene Reise starten soll. Mithilfe unserer Moderationskarten können Sie dann direkt loslegen und zu eigenen Innovationsabenteuern aufbrechen.
Es ist wie mit einem leckeren Kuchen: **Niemand wird über Nacht zum Meister-Bäcker. Aber man muss auch kein gelernter Konditor sein, um erste Erfolgserlebnisse in der Küche zu haben. Manchmal genügt schon ein gutes Rezept.**

Wir wünschen Ihnen viel Spaß beim Lesen, bemerkenswerte Erkenntnisse beim Ausprobieren und gutes Gelingen für Ihre Projekte.

Berlin, im September 2019

Conrad Glitza,
Rosa-Sophie Hamburger und
Michael Metzger

Inhalt

2 Damit es klappt

4 Eigenes Innovationsprojekt

1 Ein bisschen Theorie

Was ist eigentlich eine Innovation?

Die Methoden des Design Thinking befähigen Teams dazu, schnell und effizient Innovation in die Welt zu bringen. Doch was genau ist Innovation? Berater, Unternehmer und Coaches haben unterschiedliche Definitionen dafür, was Innovation bedeutet. Im Grunde geht es darum, etwas Neues zu erschaffen und dabei einen Nutzen zu erzeugen, indem wir – als Team – einen bestimmten Prozess durchlaufen. Wir erschaffen etwas **Neues** meist durch das Zusammenführen von Themen, die bisher nicht in diesem Zusammenhang betrachtet wurden. **Nutzen** wird erzeugt, wenn ein Problem für eine Zielgruppe gelöst wird (die das mit Anerkennung und oft auch mit Geld quittiert). Der **Prozess**, den wir dabei durchlaufen, ist definiert durch ein Zusammenspiel von Menschen und Methoden innerhalb eines gewissen Zeitrahmens.

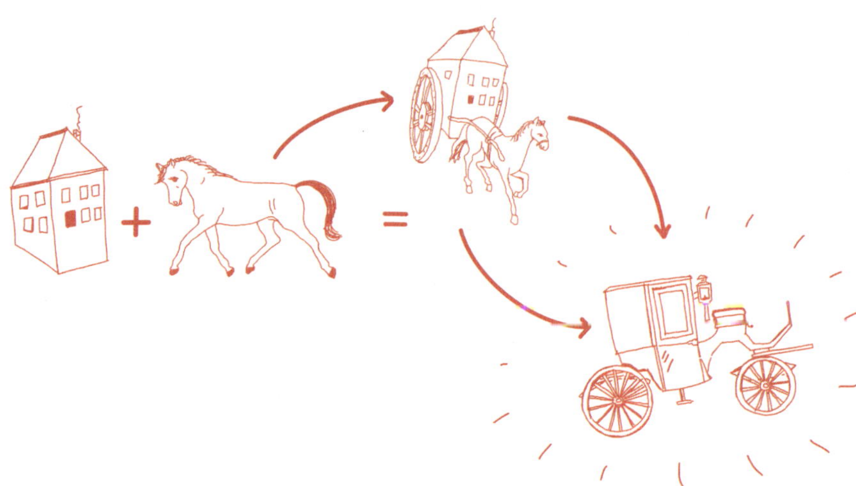

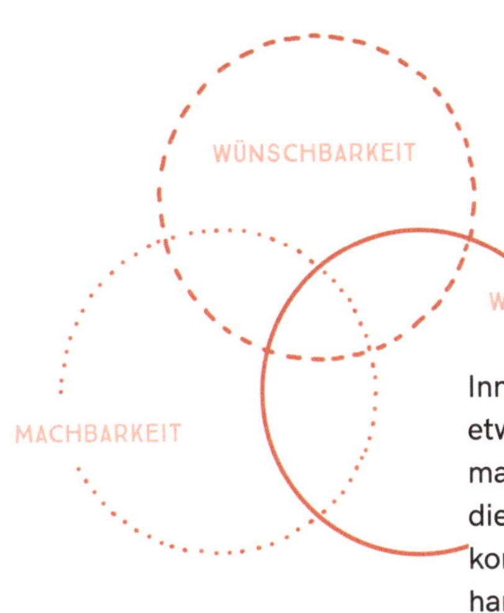

Innovation ist dabei nicht das Gleiche wie Kreativität. Kreativität bezeichnet die Fähigkeit, etwas zu schaffen, das neu ist. Stellen wir uns etwa die kleine Lisa vor. Sie ist fünf Jahre alt, malt gerne und erfindet mit Lego-Figuren lebhafte Geschichten. Das ist zwar sehr kreativ, die Wahrscheinlichkeit, dass sie eine Innovation hervorbringt, die in der Gesellschaft gut ankommt, ist jedoch verhältnismäßig gering. Für eine Innovation fehlt Lisas Geschichten der handfeste Nutzen, der erst dadurch entsteht, dass das Neue auch in der realen Welt umgesetzt werden kann. Eine Innovation muss folglich die drei Felder Wünschbarkeit, Machbarkeit und Wirtschaftlichkeit abdecken.

Durch den Grad der **Wünschbarkeit** wird ausgedrückt, wie sehr eine Idee einen konkreten Nutzen für eine Zielgruppe schafft bzw. ob sie ein Problem für einen oder mehrere Menschen löst. Dabei ist es unbedeutend, ob die jeweilige Person ein Bedürfnis oder ein Problem klar artikulieren kann. Die Kunst liegt vielmehr darin, versteckte Bedürfnisse der Kunden zu erkennen. Wie Henry Ford einmal gesagt hat: „Wenn ich die Menschen gefragt hätte, was sie wollen, hätten sie gesagt ‚schnellere Pferde'."

Damit etwas **machbar** wird, müssen die nötigen Ressourcen zur Entwicklung verfügbar sein und es werden Menschen benötigt, die diese Ressourcen unter Einsatz ihrer Arbeitszeit zu einem Produkt oder einer Dienstleistung zusammenführen können.

Von **Wirtschaftlichkeit** ist die Rede, wenn eine oder mehrere Interessengruppen von einer Idee finanziell profitieren können oder zumindest einen lohnenswerten Gegenwert erhalten.

Stellen wir uns wieder die kleine Lisa vor, wie sie einen fliegenden Teppich zeichnet, auf dem Mama und Papa schnell zur Arbeit kommen. **Wünschbar** ist diese Idee allemal, genauso wie die pferdelosen Autos von Henry Ford. Im Fall von Lisa scheitert die Innovation allerdings an der **Machbarkeit**. Ein solches Fluggerät, wie wir es aus Tausendundeiner Nacht kennen, wäre mit der heutigen Technologie kaum umsetzbar. Ganz zu schweigen von der **Wirtschaftlichkeit**: Die Entwicklungskosten für ein solches Projekt würden sich, falls überhaupt realisierbar, im zwei- oder dreistelligen Millionenbereich bewegen. Bis sich daraus ein funktionierendes Geschäftsmodell entwickelt, das sich auch langfristig rechnet, dürfte es ziemlich lange dauern. Dennoch: Wäre der fliegende Teppich einmal entwickelt, sollten die Vermarktung und die Monetarisierung die geringsten Hindernisse darstellen.

Merkmale der Innovation

Arten der Innovation

Was als Innovation gilt und was als kreative, aber auch absurde Idee abgetan wird, kann sich im Laufe der Zeit mit fortschreitender Technologie durchaus ändern. Sollte es in zehn, zwanzig oder gar hundert Jahren einmal technisch möglich und finanziell rentabel sein, einen fliegenden Teppich auf den Markt zu bringen, würde das als sogenannte **radikale Innovation** gelten. Der gesamte Nahverkehr wäre betroffen ebenso die Logistik- bzw. Transportbranche und herkömmliche Fortbewegungsmittel würden mit der Zeit aus dem Markt verdrängt werden. Innovation muss allerdings nicht immer so bahnbrechend ausfallen. Von **semi-radikaler Innovation** ist die Rede, wenn wir kein neuartiges Flugobjekt, sondern eine verbesserte Art des Antriebs, beispielsweise für Autos, hervorbringen. Das eigentliche Produkt bleibt bestehen, jedoch werden gewisse Aspekte daran verbessert. Auf unterster Ebene sprechen wir von **inkrementeller Innovation**, wenn das Neuartige sehr nah am Bestehenden liegt, wie beispielsweise bei einer verbesserten Aerodynamik oder einem neuen Design.

Anwendungsfelder der Innovation

Innovation geschieht nicht nur auf **Produktebene**. Auch **Dienstleistungen**, wie z. B. die Einführung eines Lieferservices von Restaurants, können echte Innovationen sein. Gleiches gilt für Innovation auf **Prozessebene**. Hier könnten beispielsweise Lieferketten für Bauteile optimiert oder die Dauer der Herstellung reduziert werden. Innovation kann sogar **Geschäftsmodelle** betreffen. Ein vortreffliches Beispiel an dieser Stelle ist der Wohnungs- bzw. Hotelmarkt: Durch neue Konzepte, die es den Nutzern ermöglichen, ihre private Wohnung für Touristen gegen Bezahlung zur Verfügung zu stellen, werden Wünschbarkeit, Machbarkeit und Wirtschaftlichkeit in Einklang gebracht, ohne eine neue Wohnung oder ein neues Hotel zu erfinden. Lediglich die originelle Neuanordnung des Gegebenen führt zu gelungener Innovation.

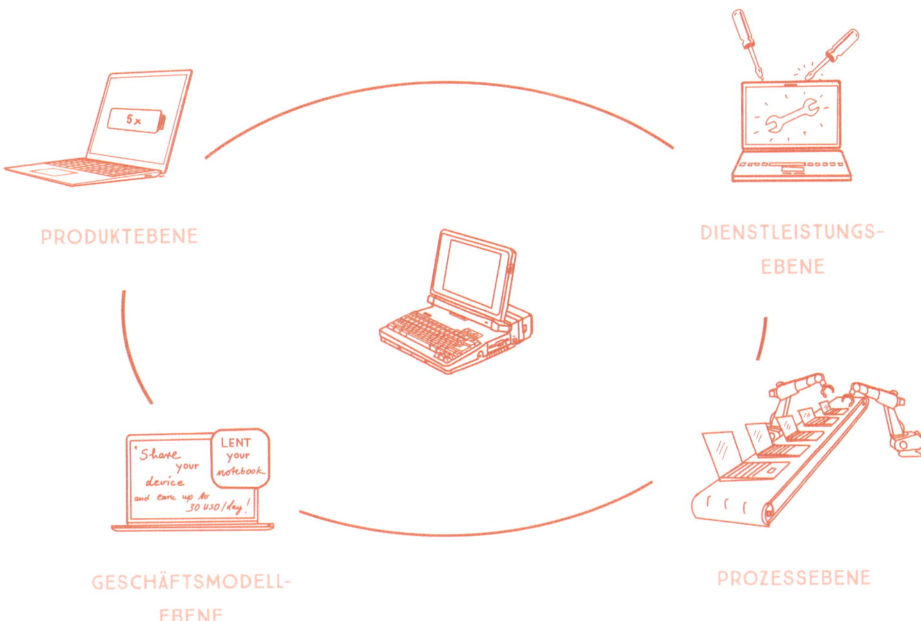

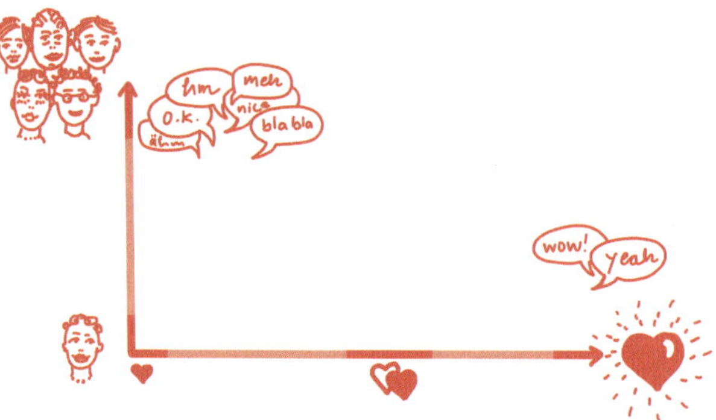

Zielgruppe der Innovation

An wen richtet sich Innovation überhaupt? Wenn etwas Neues geschaffen wird, kann dies entweder auf eine kleine Nutzergruppe abzielen oder aber einen ganzen Markt ansprechen. Wenn sich das Innovationsteam für eine sehr große Zielgruppe entscheidet, müssen Kompromisse eingegangen werden und nur die wenigsten Nutzer können vollends zufriedengestellt werden – selbst wenn der Großteil der Zielgruppe das Produkt „ganz gut" findet. Jemand, der etwas „ganz gut" findet, wird sicherlich nicht der besten Freundin oder dem besten Freund davon erzählen. Nur wer ein Produkt oder einen Service wirklich liebt und davon überzeugt ist, wird zum Markenbotschafter.

Wesentlich einfacher ist es daher, sich zu Beginn **auf eine Nische oder einen kleinen Markt zu spezialisieren**, der das Produkt wahrhaft zu schätzen weiß – im besten Fall sogar sehnlichst erwartet. Wird eine solche Gruppe dann in den Innovationsprozess einbezogen, sprechen wir von **nutzerzentrierter Innovation**. Das US-Start-up Blueberry Medical beispielsweise ist derzeit dabei, dieses Prinzip erfolgversprechend anzuwenden. Das Unternehmen entwickelt eine Lösung zur Vermittlung von medizinischen Hilfeleistungen an Patienten per Videochat, wobei sie sich dabei auf eine konkrete Zielgruppe fokussieren: Patienten, die aus Angst vor hohen Arztrechnungen oder aufgrund langer Anfahrtszeiten auf eine digitale Lösung warten. Mithilfe konstanten Feedbacks verbessert das Unternehmen seinen Prototyp, bis eine tatsächliche Marktreife erlangt ist. Dass sich dieser Service innerhalb der Zielgruppe schnell herumspricht, liegt auf der Hand.

Ausgehend von einer verhältnismäßig kleinen Zielgruppe fällt es erheblich leichter, auf ein breites Publikum umzusatteln, als eine Innovation in den Markt zu bringen, die zwar auf viele Leute zugeschnitten ist, aber nur mittelmäßigen Anklang findet.

In konventionellen Entwicklungsprozessen richten sich Unternehmen nach Marktforschungen, Wettbewerbsanalysen und ihrem Bauchgefühl, um herauszufinden, welches neue Produkt sie auf den Markt bringen. Das Management schreibt zunächst ein Konzeptpapier, erstellt einen Finanzplan und definiert Teilziele. Nach ein paar Monaten oder Jahren wird das fertige Produkt mit aufwendigen Marketingkampagnen auf den Markt gebracht, in der Hoffnung, viele Käufer zu finden – schließlich müssen die Entwicklungskosten wieder eingespielt werden.

Design Thinking hingegen ist ein **agiler** Ansatz, der einer Maxime folgt: **Der Nutzer steht an erster Stelle.** Das bedeutet: Im Zentrum stehen die Wünschbarkeit und somit die Bedürfnisse von Menschen. Über den gesamten Innovationsprozess hinweg überprüft das Team Annahmen anhand stetiger Nutzerforschung. Scheinbare Ergebnisse werden durch wiederholte **Feedbackschleifen** hinterfragt und mithilfe von **Tests** verbessert. Schon in der Entwicklungsphase spart das Ressourcen. Und weil eine Innovation erst dann Marktreife erlangt, wenn klar ist, dass sie ein wirkliches Problem löst, ist im Idealfall keine unverhältnismäßig kostspielige Marketingkampagne mehr nötig. Wo ein wirklicher Mehrwert geschaffen wird, fällt es leicht, die vorher definierte Zielgruppe von der Sinnhaftigkeit zu überzeugen. Zusätzlich hilft Design Thinking, einen Sachverhalt **erlebbar** zu machen. „Etwas begreifen“ leitet sich von „greifen“ ab – nur wenn ein Sachverhalt mit den eigenen Sinnen erlebt werden kann, wird er vom Gehirn wirklich verstanden.

Der Mehrwert von Design Thinking

Was ist Design Thinking?

Die Ursprünge von Design Thinking finden sich zwischen den 80er und 90er Jahren in Kalifornien. Damals wurde festgestellt, dass viele Unternehmen Schwierigkeiten bei der Entwicklung von kreativen Lösungen für neuartige Probleme haben.
Viele dieser Herausforderungen waren sehr komplex und bedurften der Betrachtung aus unterschiedlichen Blickwinkeln. Aufgrund einer stark zahlen- und logikorientierten Herangehensweise der Manager großer Unternehmen wurden alternative Denkweisen jedoch meist ausgeblendet. Außerdem galt Kreativität als unstrukturiert und zufällig – ein Desaster für die Controller großer Konzerne. Dies sollte geändert werden, als man versuchte, Studenten der Stanford University aus unterschiedlichen Fachrichtungen gemeinsam an Problemstellungen arbeiten zu lassen – und zwar mithilfe eines Vorgehens, das professionelle Designer schon seit Jahrzehnten nutzen: Eine Kombination aus Intuition und iterativem Vorgehen. Dabei schien es wichtig, auf unvorhersehbare Ereignisse, beispielsweise eine veränderte Marktsituation, flexibel und gleichzeitig strukturiert reagieren zu können.

Im Jahr 1991 wurde mit IDEO die erste Beratungsfirma der Welt zum Thema „Design Thinking" in Kalifornien gegründet. Seitdem hat sich Design Thinking und der flexible Ansatz zum Lösen von Problemen besonders in internationalen Technologieunternehmen, wie Google oder Spotify, etabliert und findet mittlerweile auch in klassischen Industrien, etwa bei Mercedes-Benz oder der Deutschen Bahn, mehr und mehr Zuspruch.
Dabei kann sich die Art des Einsatzes von Design Thinking von Unternehmen zu Unternehmen stark unterscheiden. Für die einen ist Design Thinking eine Sammlung von unterstützenden Methoden für das alltägliche Geschäft, für andere ein Hilfsmittel, um neue Produkte zu entwickeln, und in einigen Fällen ist Design Thinking sogar Teil der Unternehmenskultur.

Das Hasso-Plattner-Institut in Potsdam, ein Pionier in der Vermittlung von Design-Thinking-Methoden, benutzt folgende Definition für Design Thinking: „Design Thinking ist eine systematische Herangehensweise an komplexe Problemstellungen aus allen Lebensbereichen."[1] Je nach Betrachtungsweise kann Design Thinking aber auch eine Denkweise (Mindset) oder eine Kultur darstellen.

Ähnlich wie für den Begriff der Innovation gibt es auch für Design Thinking noch weitere Definitionen, die sich in manchen Details unterscheiden. Einig ist man sich jedoch darin, dass Design Thinking ein Zusammenspiel aus drei Elementen darstellt: Einem **Prozess**, in dem Innovation hervorgebracht wird. **Menschen**, die nach bestimmten Prinzipien zusammenarbeiten. Und **Räumlichkeiten und Materialien**, in denen sie sich bewegen bzw. derer sie sich bedienen. Nachfolgend werden diese Elemente genauer beschrieben.

Prozess

Der Design-Thinking-Prozess beinhaltet sechs Phasen: Verstehen, Untersuchen, Synthese, Ideenfindung, Prototyping und Testen. So können sich die Mitglieder eines Innovationsteams Stück für Stück an die Lösung eines Problems herantasten. Die Problemstellung wird dabei als Frage formuliert – meist in der Form „Wie können wir dem Nutzer bei ... helfen?" oder „Wie kann man ... verbessern?". Diese Problemstellung kann vom Team im Laufe des Prozesses gemeinsam umformuliert oder neu definiert werden. Die ersten drei Prozessphasen fokussieren sich darauf, die Frage und das dahinter liegende Problem zu untersuchen. In den darauffolgenden Phasen werden Ideen generiert und getestet.

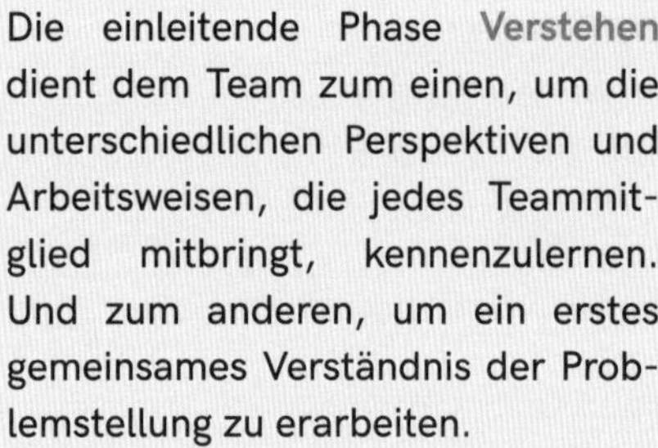

Die einleitende Phase **Verstehen** dient dem Team zum einen, um die unterschiedlichen Perspektiven und Arbeitsweisen, die jedes Teammitglied mitbringt, kennenzulernen. Und zum anderen, um ein erstes gemeinsames Verständnis der Problemstellung zu erarbeiten.

1.1 Team zusammenführen
1.2 Problemstellung verstehen

In der **Untersuchen**-Phase werden Informationen zusammengetragen, Feldstudien durchgeführt und die Zielgruppe interviewt bzw. beobachtet. Ziel ist es, innerhalb des Teams ein gemeinsames Verständnis für die Bedürfnisse und Probleme von Menschen herzustellen, Empathie aufzubauen und einen möglichst breiten Wissenspool über das Thema der Problemstellung zu generieren.

2.1 Informationen sammeln
2.2 Stakeholder identifizieren
2.3 Empathie aufbauen

Während der **Synthese**-Phase wird die Problemstellung basierend auf den bisherigen Erkenntnissen neu formuliert. Dazu wertet das Innovationsteam die gesammelten Informationen zunächst aus. Anschließend priorisiert es die Bedürfnisse bzw. Probleme. Die daraufhin neu gebildete Problemstellung definiert das Problem nicht mehr allgemein, sondern aus der Perspektive eines spezifischen Nutzers.

3.1 Informationen auswerten
3.2 Informationen personalisieren
3.3 Problem neu definieren

Design Thinking ist kein linearer Prozess, den man einmal durchläuft, um am Ende das fertige Produkt oder die Lösung in den Händen zu halten. Je nachdem, wie das Feedback in der Testen-Phase ausfällt, kann das Team gemeinsam entscheiden, zu einem früheren Prozessschritt zurückzukehren, um beispielsweise mit einer anderen Idee weiterzuarbeiten (Ideenfindungs-Phase) oder um zusätzliche Interviews zu führen (Untersuchen-Phase). Dieses dynamische Wechseln zwischen Prozessphasen bezeichnet man als iteratives Vorgehen. Im Gegensatz zu Prozessen, die am Anfang schon ihr voraussichtliches Ende klar definiert haben, tastet sich ein Design-Thinking-Team an die passende Lösung heran. Die Möglichkeit, situativ und flexibel zu entscheiden, ist ein wesentliches Merkmal des agilen Arbeitens. In der Praxis muss dabei nicht zwangsläufig der gesamte Design-Thinking-Prozess mit all seinen Aspekten Anwendung finden. Manchmal kann es vollkommen ausreichen, sich einzelne Prozessschritte oder Methoden auszusuchen, um zielführend arbeiten zu können.

In der Phase der **Ideenfindung** geschieht ein Großteil der kreativen Arbeit. Unter Anwendung verschiedener Brainstorming-Methoden, beispielsweise SCAMPER oder Teufels Küche, entwickelt das Team originelle Ideen und sortiert bzw. kombiniert diese zu Lösungskonzepten.

4.1 Ideen generieren
4.2 Ideen selektieren

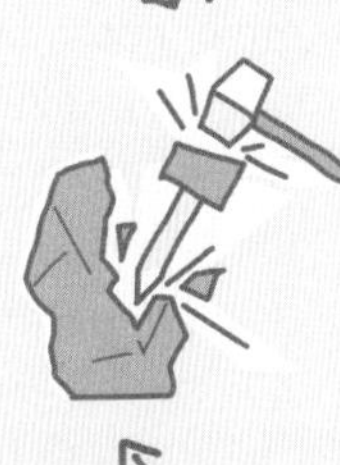

Im **Prototyping** geht es darum, die Idee in rudimentärer Form bereits einmal umzusetzen, um sie für das Team und die Zielgruppe greifbar zu machen. Dabei wird der zugrunde liegende Mehrwert, die sogenannte Kernfunktion, weiter geschärft. Produkte, Szenarien oder Prozesse können mit Materialien, wie Papier, Knete oder Lego, und Methoden, wie beispielsweise einem Rollenspiel, den Weg in die Umsetzung finden.

5.1 Kernfunktion definieren
5.2 Prototyp erstellen

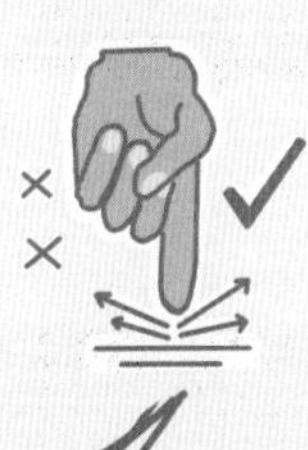

In der abschließenden Phase **Testen** werden nun Personen mit dem gefertigten Prototyp konfrontiert. Damit möchte das Team herausfinden, inwiefern der Prototyp verstanden und angenommen wird. Das gesammelte Feedback wird genutzt, um den Prototyp und somit die Idee zu evaluieren und weiterzuentwickeln.

6.1 Prototyp testen
6.2 Testergebnisse auswerten

Design Thinking funktioniert nur im Team. Damit der Innovationsprozess gelingt, ist es wichtig, dass **unterschiedliche Menschen mit diversem Erfahrungshintergrund und Wissensschatz** zusammenkommen, um ein Problem aus unterschiedlichen Perspektiven anzugehen. Damit aus einer Gruppe zusammengewürfelter Individuen ein Team gebildet werden kann, das gemeinsam an einem Strang zieht und dessen Stärken und Charaktereigenschaften sich gegenseitig ergänzen, bedarf es einer besonderen **Kultur**, die von sämtlichen Teammitgliedern mitgetragen wird. Mitarbeiter der innovativsten Unternehmen der Welt haben diese Kultur bereits inkorporiert. Doch was genau sind die Gründe, dass Unternehmen, wie der Automobilhersteller Toyota oder der Suchmaschinenriese Google, permanent mit bahnbrechenden Innovationen hervorstechen können, während andere Unternehmen wirken, als seien sie festgefahren?

Eine interne Studie von Google[2] kam zu dem Ergebnis, dass erfolgreiche Innovationskulturen viel **Freiraum für Fehler** einräumen. Nur wer Fehler machen darf und deswegen keine Angst haben muss, seinen Job zu verlieren, kann innovativ arbeiten. Innovation ist in seiner Natur ein **iterativer Prozess** und es müssen viele Wege ausprobiert werden, um zum Ziel zu gelangen. Google hat mit dem sogenannten Pinguin-Award an dieser Stelle neue Maßstäbe gesetzt. Der Pinguin-Award prämiert die spektakulärsten Fehlschläge der eigenen Mitarbeiter, damit das gesamte Unternehmen daraus lernen kann. Der Name leitet sich aus dem sozialen Verhalten von Pinguinen ab, die vereinzelt von Eisschollen in unbekannte Gewässer springen, um nach potenziellen Angreifern Ausschau zu halten. Taucht der einzelne Pinguin nicht wieder auf, wurde zumindest die Gruppe gerettet.

Menschen

Innovativ erfolgreiche Unternehmen haben meist sehr **flache Hierarchien**. In klassischen Organisationsstrukturen herrscht oftmals viel Förmlichkeit und ein hohes Maß an Starrheit und Autorität, was dazu führt, dass die Mitarbeiter sich nicht trauen, eigene Ideen einzubringen. Sie fürchten, ihre Meinung sei nicht wichtig oder würde sogar mit Missgunst bestraft werden. Das ist wiederum absurd, weil gerade die ausführenden Mitarbeiter oft am engsten am Produkt oder an der Dienstleistung arbeiten und somit die **Schwächen**, aber auch die **Potenziale** eines Unternehmens sehr gut einschätzen können. Außerdem setzen diese „klassischen" Unternehmen meist auf jene Ideen, die risikoarm und kosteneffizient sind, obwohl sich die meisten Kunden für wirklich bahnbrechende und radikale Innovationen interessieren.[3]

Eine zentrale Rolle für eine fruchtbare Innovationskultur spielen die **Führungskräfte**. Nur wer die entsprechenden **Werte** vorlebt, diese kommuniziert und mit ehrlicher Überzeugung verkörpert, wird seine Mitarbeiter dazu motivieren, es gleichzutun. In dieser Hinsicht inspirierende Persönlichkeiten sind Richard Branson, der Gründer des britischen Konzerns Virgin, Elon Musk, der Gründer und Vorstandsvorsitzende von Tesla und SpaceX, sowie Jack Ma, Gründer der Handelsplattform Alibaba.com. Besonders Mas Karriere begann dabei alles andere als vielversprechend. Nachdem er Dutzende Male von diversen Universitäten abgelehnt wurde, auch als Unternehmer mehrmals scheiterte und von potenziellen Geldgebern verhöhnt wurde, konnte er stets seinen Optimismus und seinen Glauben an den Traum eines weltweit vernetzten Handelsplatzes beibehalten. Dabei wird er von Freunden, Mitarbeitern und Partnern stets als Visionär dargestellt, der für seine **Vision** lebt. Genau diese Passion schlägt sich auch auf die Kultur seiner Unternehmen nieder, in denen Ideen gefördert, Fehlschläge toleriert und Engagement belohnt werden.

Nicht nur die Menschen und die Methoden bzw. Prozesse, sondern auch ihr Umfeld bewirken Innovation. Design Thinking arbeitet deswegen explizit mit Räumlichkeiten und Materialien. Die Räumlichkeiten, in denen Innovationsteams aufblühen, sowie die Materialien, die sie benutzen, spiegeln den iterativen Prozess und den multiperspektivischen Charakter des Design Thinking wider.

Räumlichkeiten & Materialien

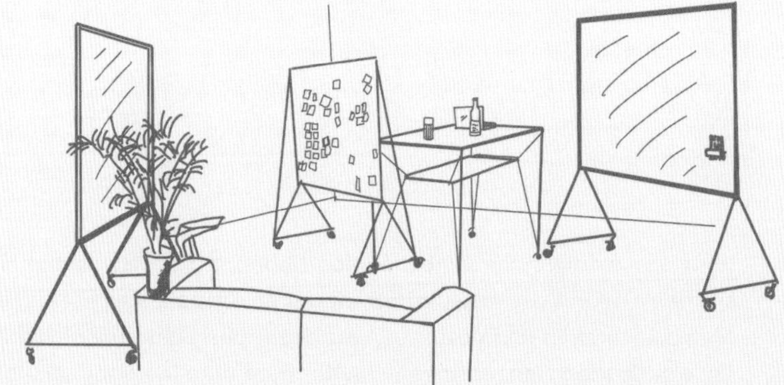

Raum

Lichtdurchflutete, mit Glas und Metall gestaltete und mit bunten Sofas bestückte Räume, wie bei Google oder Apple, ausgestattet mit Kickertisch und Meditationsecke, können von den meisten Arbeitgebern wohl nicht zur Verfügung gestellt werden. Worauf jedoch geachtet werden kann, ist die Umsetzung der Kernideen, die diesen Räumen zugrunde liegen.

Ausreichend Platz erlaubt den Mitgliedern eines Innovationsteams, sich zu bewegen. Das Gefühl, körperlich gefangen zu sein, kann sich rasch auf den Geist übertragen, was zu verminderter Kreativität führt. Auch wenn kein Billardtisch zur Verfügung steht, sollte ein Raum so gestaltet werden, dass sich die Teammitglieder wirklich **wohlfühlen** – meistens genügt dafür eine kleine Sitzecke. Im Idealfall werden anstelle von herkömmlichen Arbeitsplätzen **Stehtische** verwendet. Sitzen führt zum Ausruhen und auch wenn es für viele von uns unvorstellbar klingt, den Arbeitstag im Stehen zu verbringen, sind die Resultate deutlich spürbar. Jedes Teammitglied sollte einen „gleichrangigen" Platz auf Augenhöhe mit den Kollegen einnehmen – stehend genauso wie sitzend. Hierfür eignet sich vor allem **rundes Mobiliar** sehr gut. Design-Thinking-Räumlichkeiten sind kein Museum: Jedes Möbelstück kann **benutzt, verschoben oder neu miteinander kombiniert** werden. Kreative Leistung verbessert sich zudem, wenn sich die Anordnung innerhalb eines Raumes von Zeit zu Zeit ändert. Selbst simpelste **Veränderungen im Raum** führen zu veränderten Denkmustern. Und weil ein Design-Thinking-Raum morgen ganz anders aussehen kann als heute, hat auch kein Teammitglied seinen eigenen, angestammten Schreibtisch, sondern nutzt den gesamten Raum gemeinsam mit dem Team.

Materialien

Die Grundausstattung für ein Innovationsteam besteht aus **Whiteboards**, **Whiteboard-Markern** und **verschiedenfarbigen Post-its**. Der gravierendste Vorteil des Arbeitens mit Whiteboards und Post-its gegenüber der Arbeit an einem Flipchart, einer klassischen Tafel oder gar einem Blatt Papier ist die Möglichkeit, bestehende Informationshäppchen auf einem Post-it problemlos entfernen, neu anordnen oder ergänzen zu können. Ein Post-it stellt, metaphorisch gesprochen, einen Gedanken dar, welcher jederzeit verschwinden kann, um plötzlich an einer anderen Stelle wieder aufzutauchen. Während der Ideenfindungs-Phase werden beispielsweise Dutzende solcher Informationen in Form von Ideen auf Post-its von den einzelnen Teammitgliedern an einem Whiteboard zusammengetragen. Diese Ideen können nun sofort sortiert und anschließend bewertet werden – sehr mühsam mit einem Flipchart. Wer häufiger mit Design-Thinking-Methoden arbeiten möchte, kann zudem in Erwägung ziehen, in mobile Whiteboards zu investieren, damit diese analog zu den Post-its ebenfalls flexibel zueinander angeordnet werden können. Ein Innovationsteam, bestehend aus fünf Mitgliedern, sollte mindestens zwei Whiteboards oder andere vertikale Flächen zur Verfügung haben. Hier gilt: Mehr ist mehr! Eine Mindestgröße von 120 cm x 100 cm sollte unbedingt eingehalten werden.

Neben dieser Grundausstattung gehören vor allem Materialien zur Zeiteinhaltung, zur Protokollierung von Recherche-Streifzügen sowie zum Bau von Prototypen zum Werkzeugkasten eines Innovationsteams.
Weil Menschen angesichts nahender Abgaben und Deadlines produktiv und kreativ werden, arbeitet Design Thinking mit strikten Zeitvorgaben. Daher sollte die **Möglichkeit zur Zeitmessung** vorhanden sein. Hierfür kann ein sogenannter Time Timer hilfreich sein – die Stoppuhrfunktion eines Smartphones erfüllt jedoch den gleichen Zweck. Um **Recherche-Streifzüge zu protokollieren**, eignen sich am besten Aufnahmegeräte für Interviews, Kameras und Notizbücher, aber auch ein modernes Smartphone kann als praktische Alternative genutzt werden. Zur **Erstellung von Prototypen** bietet sich eine bunte Mischung aus diversen Materialien, wie Pappe, Draht oder Knete, an. Diese Utensilien dienen selbstverständlich nur dem Erstellen eines sehr groben Prototyps bzw. seiner Veranschaulichung. Je konkreter das Produkt später entwickelt wird, desto spezieller sind auch die benötigten Materialien, bis das Produkt schließlich mit einem professionellen Hersteller zur Marktreife gebracht wird.

Der zur Verfügung stehende Raum und die genutzten Materialien sind die einzig greifbaren Elemente des Innovationsprozesses, über die wahrlich volle Kontrolle besteht. Daher sollten keine Potenziale verschwendet werden, indem kleinflächige Flipcharts anstelle von mobilen Whiteboards genutzt und Teams in enge und dunkle Hinterzimmer gequetscht werden – der Innovationsprozess allein ist schon Herausforderung genug.

Divergenz & Konvergenz

Nicht nur Design Thinking, sondern viele Innovationsprozesse haben gemeinsam, dass sie divergierende und konvergierende Phasen beinhalten, die sich je nach Situation abwechseln. Beim **divergierenden Denken** geht es um Quantität und Kreativität. Gefragt sind originelle, ungewöhnliche und vielfältige Gedanken. Je mehr Informationen entstehen und je mehr Ideen auf Post-its an der Wand hängen, desto besser.

Konvergierendes Denken hingegen filtert Informationen, sortiert und reduziert dabei auf das Wesentliche. Metaphorisch gesehen kann das Wechselspiel zwischen beiden Prinzipien auch mit einem Trichter verglichen werden, in den zunächst möglichst viele und bunt gemischte Informationen (Ergebnisse des divergierenden Denkens) hineingefüllt und die relevanten Elemente herausgefiltert und verarbeitet werden (konvergierendes Denken).

Im Design Thinking trennen wir diese beiden Denkweisen konsequent. Das mag zunächst nebensächlich wirken, ist aber in der Praxis eine echte Herausforderung. Wie oft wurden in Ihrem Umfeld kreative Ideen schon im Keim erstickt, weil jemand dazwischen gerufen hat, dass etwas Quatsch ist und nie funktionieren kann? Das passiert, wenn Divergenz und Konvergenz chaotisch durcheinander laufen. Eine Idee, wie ein fliegender Teppich, sollte in einem divergierenden Verfahren nicht bewertet oder abgetan werden. Im Gegenteil: Wenn im Zuge des divergierenden Denkens eine Vielzahl von Ideen generiert wurde, ist es später während des konvergierenden Denkens möglich, die auch noch so verrückt klingendsten Ideen zu begutachten und den zugrunde liegenden Mehrwert herauszukristallisieren. Wer weiß, vielleicht ist die Kernidee des Paketversands nicht mit einem fliegenden Teppich, dafür aber durchaus mit einer Drohne umsetzbar – und erst der Vorschlag des fliegenden Teppichs brachte das Team auf die richtige Spur.

Die Ineffizienz der Innovation & die Wichtigkeit des Wandels

Grundsätzlich handelt es sich beim Entwickeln von Innovation um einen **wenig effizienten Vorgang**. Das liegt daran, dass zunächst viele neue Wege begangen werden, bis das Team schließlich eine Lösung für ein entsprechendes Problem findet. Außerdem wird das Unternehmen eine Vielzahl von Ressourcen heranziehen und verbrauchen, die, abgesehen vom Informationsgewinn, für die endgültige Lösung kaum eine Rolle spielen. Das Bereitstellen von Räumlichkeiten und Materialien ist hierbei noch das geringste Problem. Sehr viel aufwendiger und auch kostenintensiver ist die benötigte Zeit. Die Kosten eines fünfköpfigen Teams, das für mehrere Tage, Wochen oder gar Monate an einem Innovationsprojekt arbeitet und dabei nicht nur die eigenen, sondern auch die zeitlichen Ressourcen von weiteren Stakeholdern verbraucht, steigen schnell in den vier- bis fünfstelligen Bereich. Hinzu kommen Planungs-, Aufbereitungs- und später Implementierungsaufgaben für das Management, die ebenfalls Zeit in Anspruch nehmen. Zu allem Übel lässt sich die gelungene Innovation außerdem nicht voraussagen oder gar garantieren. In der Praxis bedeutet das, dass ein Budget von beispielsweise 20.000 Euro nicht zwangsläufig zu einem großartigen neuen Produkt führt. Manchmal wird nach drei geplanten Wochen Arbeit festgestellt, dass mindestens drei weitere Wochen benötigt werden und sich das kalkulierte Budget somit verdoppelt.

Der Grund hierfür ist die Natur der Innovation selbst. Ließen sich die Dauer und der Aufwand oder gar das Ergebnis vorhersehen, könnten sich Lisa und das Team die Arbeit sparen und den fliegenden Teppich direkt auf den Markt bringen. Man investiert sozusagen in eine ungewisse Zukunft.

Lohnt sich das denn? Wenn Innovation so unberechenbar ist, bleiben wir doch lieber beim Alten! Es ist nicht überraschend, wenn Unternehmen zu diesem Schluss kommen, allerdings greift er zu kurz. Praktisch auf der gesamten Fortune-500-Liste finden sich Unternehmen, die im Laufe ihrer Existenz zumindest semi-radikale Innovationen hervorgebracht und entsprechende Investitionen getätigt haben. Nokia wurde anfänglich als Papierfabrik gegründet, Suzuki stellte Webstühle für die japanische Seidenindustrie her und Nintendo verkaufte Staubsauger, bevor es seine Stärke in Videospielen entdeckte. So gut wie jedes Unternehmen, das nicht gewillt ist, sich zu ändern oder etwas Neues anzubieten, ist aufgrund ständig stärker werdender Konkurrenz und sich pausenlos verändernder Märkte auf lange Sicht dem Untergang geweiht. Laut Darwin überlebt weder die stärkste, noch die intelligenteste Spezies. Sondern diejenige, die sich am besten an Veränderungen anpasst. **Ein Unternehmen braucht daher Innovation, um bestehen zu können.** Design Thinking bietet nicht nur die entsprechenden Werkzeuge, um Innovation erfolgreich hervorzubringen. Es lässt Organisationen auch Empathie zu relevanten Stakeholdern aufbauen und trägt somit dazu bei, Kunden und auch Mitarbeiter besser kennenzulernen, um auf ihre Bedürfnisse eingehen zu können.

Design Thinking besteht aus einer Wechselwirkung der drei Elemente Prozess, Menschen und Räumlichkeiten. Im vorangegangenen Kapitel haben wir alle drei Elemente auf einer theoretischen Ebene eingeführt, herausgefunden, warum sie wichtig sind und nach welcher Logik sie funktionieren. Dieses Buch ist keine akademische Abhandlung, sondern soll eine praxisnahe Erfahrung zum Thema „Innovation durch Design Thinking" bieten. Deshalb fragen wir jetzt: Was heißt es konkret, wenn Prozess, Menschen und Raum zusammenwirken? Was genau gilt es vorzubereiten und zu beachten, damit es klappt?

2 Damit es klappt

Prozess

Wie im Kapitel „Ein bisschen Theorie" vorgestellt, besteht der Design-Thinking-Prozess aus sechs Phasen, die ein Team bewusst durchläuft. „Bewusst" bedeutet, dass das gesamte Team sich gemeinsam darüber im Klaren ist, in welchem Prozessschritt es sich gerade befindet, und dass sich das Team darauf einigt, wann ein Prozessschritt zu Ende ist und der nächste beginnt. Um sicherzustellen, dass am Ende eines veranschlagten Zeitrahmens das Innovationsteam auch tatsächlich den Prozess einmal durchlaufen hat, arbeiten Design-Thinking-Teams mit Makro- und Mikro-Zeitplänen, in denen genau festgehalten ist, wie viel Zeit für jeden Prozessschritt eingeplant wird.

Zeit

Makro-Timing bedeutet, dass das Design-Thinking-Team – abhängig von den sonstigen Verpflichtungen der Teammitglieder – im Vorfeld überlegt, wann es zusammenkommt und wann nicht. Während des Arbeitsalltages konzentrieren sich die Mitglieder auf ihre üblichen Tätigkeiten. Dabei ist es kaum möglich, Innovation voranzutreiben. Den Design-Thinking-Prozess kann man bereits in einem halben Tag einmal komplett durchlaufen. Dieses Schnellverfahren empfiehlt sich allerdings nur, wenn es darum geht, einen ersten Eindruck von den Methoden zu erhalten. Wahrlich innovative Lösungsansätze brauchen meistens mehr Zeit. Durchaus üblich ist es, dass das Feedback aus den Nutzertests dazu führt, den ersten Lösungsansatz anschließend in einem weiteren Design-Thinking-Prozess zu iterieren. Diese Iterationsschleifen lassen sich beliebig fortsetzen, sodass von der ersten Problemstellung bis zum marktreifen Endprodukt viel Zeit vergehen kann. Die einzelnen Methoden, die in diesem „Design-Thinking-Rezeptbuch" und den Moderationskarten enthalten sind, können allerdings auch in schlankeren Formaten umgesetzt werden: Von Design Thinking inspirierte Meetings können beispielsweise Brainstorming-Methoden anwenden, eine von Design Thinking inspirierte Nutzerforschung greift auf Interviewtechniken zurück und wer ein Problem besser durchdringen will, der kann die Mindmaps aus der Verstehen-Phase benutzen. Es ist tatsächlich wie mit einem Rezeptbuch: Man kann das Dessert auch genießen, ohne vorher ein Hauptgericht zuzubereiten.

Grundsätzlich gibt es verschiedene Möglichkeiten, wie der Design-Thinking-Prozess in den Arbeitsalltag eingebettet werden kann. Es hat sich bewährt, entweder zwei bis sechs Tage am Stück für den gesamten ersten Prozess zu blockieren oder aber etwa sechs Wochen hintereinander jeweils am selben Wochentag einen der Prozessschritte zu durchlaufen. Mehr als eine Woche Abstand sollte zwischen den Workshops nicht liegen, da es sonst zu aufwendig ist, sich immer wieder neu in die Thematik einzuarbeiten, ganz zu schweigen vom Aufbau einer positiven Gruppendynamik.

Im **Mikro-Timing** des Design Thinking sind die einzelnen Prozessschritte bis ins kleinste Detail zerlegt und manchmal auf die Minute genau getaktet. Es ist festgehalten, welche Methoden zu welchem Zeitpunkt genutzt werden und welches Material dafür gegebenenfalls noch angeschafft oder ausgedruckt werden muss. Das Mikro-Timing basiert auf den Vorgaben des Makro-Timings. Das bedeutet, dass ein und dieselbe Methode (z. B. physisches Modell erstellen) in verschiedenen Projekten unterschiedlich lange dauert. Je weniger Zeit für den gesamten Innovationsprozess oder den jeweiligen Workshop eingeplant ist, desto kürzer sind die einzelnen Methoden. Gerade weniger erfahrenen Design-Thinking-Teams raten wir, sich an einem solch detaillierten Timing zu orientieren und bei Bedarf von einem externen Coach in der Vorbereitung unterstützen zu lassen. Erfahrene Design-Thinking-Experten lassen sich hingegen häufig im laufenden Prozess spontan inspirieren und erstellen das Mikro-Timing zu Beginn jedes Arbeitstages selbst.
Um sich nicht im Prozess zu verlieren, bietet es sich an, die Ergebnisse der einzelnen Schritte zu dokumentieren. Wir empfehlen eine Foto-Dokumentation jeder Post-it-Sammlung am Whiteboard am Ende einer jeden Prozessphase. Darüber hinaus gibt es Software, die Post-its digitalisieren und die Handschrift computerlesbar einscannen kann, sodass Teams sogar dezentral und virtuell weiterarbeiten können. Wir sind allerdings der Meinung, dass eine authentische Design-Thinking-Atmosphäre sehr vom analogen Team-Erlebnis und der Arbeit im selben physischen Raum geprägt wird.

Wie bereits beschrieben, ist der Charakter eines Innovationsprozesses wenig effizient, da er stets ergebnisoffen und somit schwer kontrollierbar ist. Das bedeutet im Umkehrschluss, dass Sie die kontrollierbaren Elemente, wie Räumlichkeiten und Materialien, möglichst effektiv nutzen sollten. Ebenso verhält es sich mit der Terminierung des Innovationsprozesses – auf Makro- wie auch auf Mikroebene. Gute Planung führt zu besseren Ergebnissen.

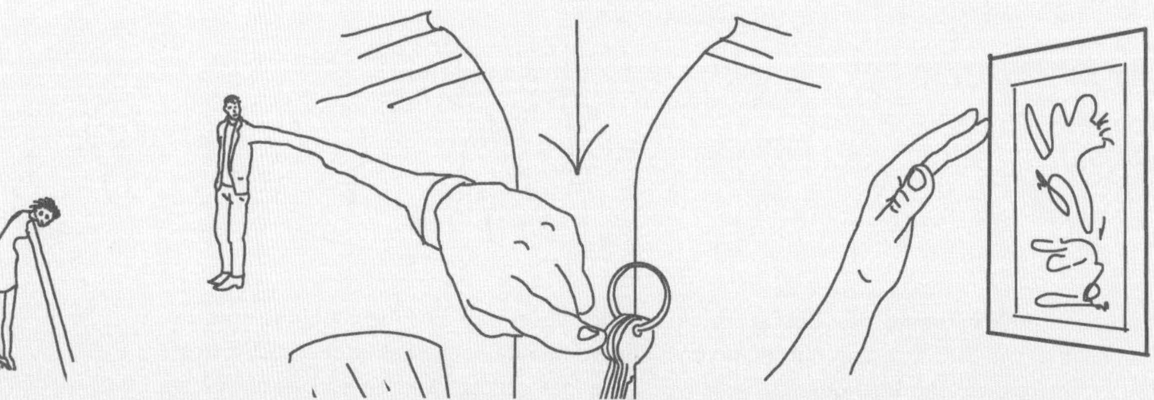

Warm-ups

Um in die richtige mentale sowie körperliche Verfassung für die einzelnen Prozessschritte und Methoden des Design Thinking zu gelangen, spielen sogenannte Warm-ups eine zentrale Rolle. Ein Warm-up gibt dem ganzen Innovationsteam etwas Abstand von der vorhergegangenen Aufgabenstellung und aktiviert die Energie der Teammitglieder. Je nachdem, in welcher Prozessphase ein Warm-up eingesetzt wird, kann es ganz unterschiedliche Ziele verfolgen. Es gibt Warm-ups für mehr **Energie**, für eine Steigerung des **Gruppenzusammenhalts** und für erhöhte **Kreativität**. Mithilfe unserer Moderationskarten können Sie sich die einzelnen Warm-ups für die jeweilige Situation heraussuchen – in den meisten Fällen genügt es, wenn Sie hierfür fünf bis zehn Minuten einplanen.

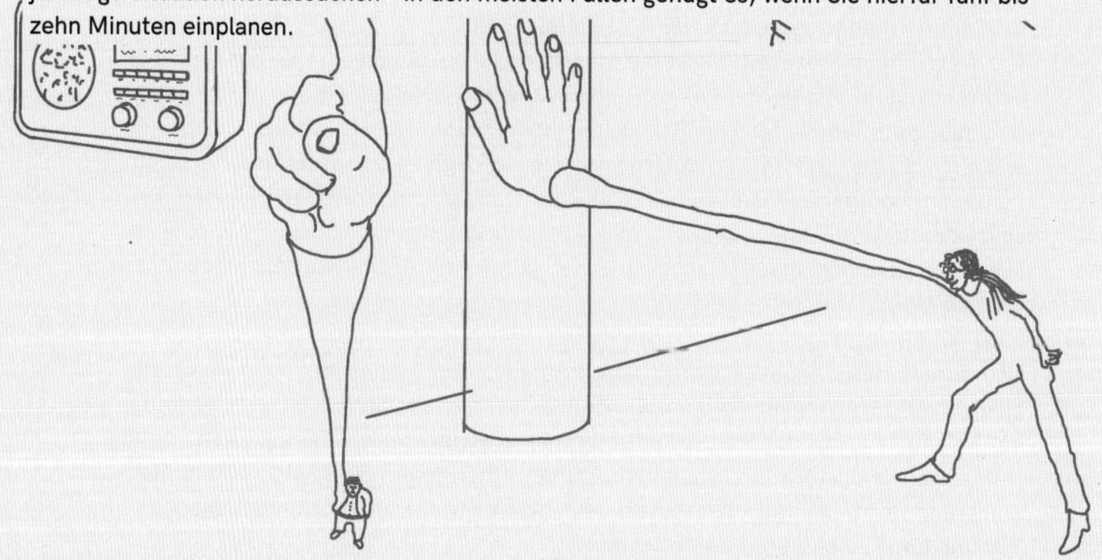

Menschen

Offenheit für Innovation, Vertrauen in das Team, flache Hierarchien und eine strikte Trennung von divergentem und konvergentem Denken: Design Thinking verlangt dem Individuum ganz schön viel ab und in mancherlei Hinsicht unterscheidet sich die Arbeitsweise von allem, was man aus dem alltäglichen Arbeitskontext kennt. Damit das Teamwork im Design Thinking überhaupt klappen kann, ist es wichtig, dass jedes Teammitglied eine bestimmte Einstellung mitbringt, die in den folgenden **Prinzipien** sichtbar wird:

Arbeite visuell

Jeder von uns ist tagtäglich von Millionen von Zeichen und Buchstaben umgeben. Aufgrund dieser Überflutung fällt es unserem Gehirn schwer, sich durch Text aufgenommene Informationen zu merken. Sobald aber das Gehirn Informationen visualisiert, werden sie einzigartig und können erheblich besser gespeichert und wiedererkannt werden. Ein Post-it, zu dessen Schlagwort eine kleine Zeichnung hinzugefügt wurde, bleibt den Teammitgliedern besser in Erinnerung. Auch komplexe Sachverhalte und Zusammenhänge sollten nicht nur erklärt, sondern visuell dargestellt werden - hierfür genügt beispielsweise schon ein Piktogramm oder ein kleines Modell aus Lego.

Verabschiede dich von deinem Titel

Alle Teammitglieder sind gleichberechtigt, wenn es um die Entwicklung neuer Ideen geht. Ein akademischer Titel sowie eine Position innerhalb des Unternehmens spielen im Design Thinking keine Rolle. Oftmals ist es sogar so, dass gerade die Mitarbeiter in den unteren Ebenen viel näher an den Problemen der Kunden arbeiten und ihr Zutun daher mindestens so wichtig ist wie das der Führungsebene.

Arbeite fokussiert

Gerade die Arbeit mit Ideen und Innovationen verführt sehr schnell zum Abdriften. Je kreativer die Arbeit, desto wichtiger ist es aber, fokussiert zu bleiben. Das gilt für jedes einzelne Teammitglied, aber vor allem für die Gesamtheit des Teams. Teamwork kann nur dann klappen, wenn alle auf dasselbe Ziel hinarbeiten. Setzen Sie sich deshalb mit einem Mikro-Timing strikte Zeitvorgaben und ernennen Sie gegebenenfalls ein Teammitglied zum „Wächter der Uhr", damit der Fokus im Team nicht verloren geht.

Denke nutzerzentriert

Die Fähigkeit zur Empathie mit dem Kunden wird gerade von Großunternehmen sehr häufig unterschätzt, weil man in der Geschäftswelt lernt, sich primär auf quantitative Nutzerdaten aus der Marktforschung zu konzentrieren. Nichts jedoch kann den eigenen, unmittelbaren Zielgruppenkontakt ersetzen. Versuchen Sie, sich so gut wie möglich in die Erlebniswelt des Nutzers hineinzudenken. Sie wollen einen Service für Menschen mit Sehbehinderung kreieren? Natürlich sollten Sie mit blinden Menschen über deren Ansichten, Ängste und Hoffnungen sprechen. Solange Sie aber nicht wissen, wie es ist, blind zu sein, wird Ihnen das nur begrenzt helfen. Scheuen Sie sich nicht davor, abenteuerliche Experimente durchzuführen. Warum nicht einmal für einen Nachmittag mit verbundenen Augen durch das Büro laufen? Das erweitert Ihren Horizont und lässt Sie hautnah erfahren, in was für einer (anderen) Welt Ihre Nutzer leben.

Verrückte Ideen voran

Lisas fliegender Teppich hat gezeigt: Gerade die verrücktesten Ideen entfalten oftmals Potenziale, die mit konservativem Denken nicht erkennbar gewesen wären. Da gelungene Innovationen meist eine Kombination aus zwei Themenfeldern darstellen, die bisher nur getrennt voneinander betrachtet wurden, sind ausgefallene Ideen sehr hilfreich. Ein fliegender Teppich (später eventuell als eine Drohne umgesetzt), der Pakete ausliefert? Amazon hat es 2015 mit dem Drohnenversand Prime Air bewiesen.

Erkenne die Kernfunktion

„Worauf kommt es im Kern an?" - Diese Frage gilt es zu beantworten, wenn das Innovationsteam Interviews führt, Ideen kreiert und den Prototyp erstellt. Wenn Sie beispielsweise herausfinden wollen, ob Restaurants Ihre neue App zum bargeldlosen Bezahlen nutzen würden, sollten Sie zunächst herausfinden, ob diese Restaurants überhaupt Probleme mit Barzahlungen erfahren haben. Vielleicht merken Sie, dass Barzahlungen an sich kein Problem darstellen, jedoch viel Zeit dafür verloren geht, dass Gäste in größeren Gruppen einzeln bezahlen wollen - dann wäre eine App zur Rechnungssplittung interessanter. Fast jedes Projekt und jede Untersuchung haben eine Kernfunktion: Finden Sie diese und fokussieren Sie sich darauf.

Baue auf die Ideen anderer und stelle Kritik zurück

Auch wenn es manchmal schwerfällt - nehmen Sie die Ideen Ihres Teams ernst und bauen Sie darauf auf. Geben Sie konstruktives Feedback und den Ideen Raum zum Wachsen, anstatt die Kreativität Ihrer Teammitglieder zunichtezumachen. Teamarbeit ist der Schlüssel.

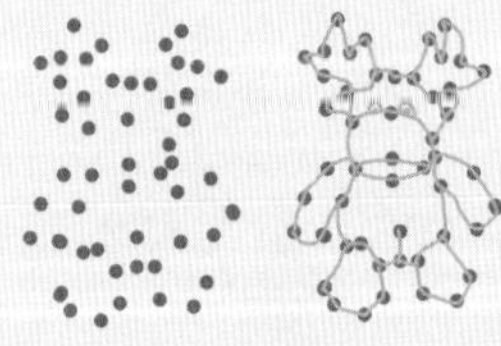

Quantität zählt

Gerade bei der Ideenfindung kommt es auf die Menge an. Eine Vielzahl von Ideen führt zu einer höheren Erfolgswahrscheinlichkeit als eine geringe Anzahl. Erst wenn mehrere Ideen zur Auswahl stehen, können diese miteinander verknüpft werden oder ergeben in Kombination plötzlich Sinn. Ein fünfköpfiges Team kann innerhalb von 30 Minuten problemlos mehr als 100 Ideen generieren.

Scheitere früh, scheitere oft

In der Welt der agilen Methoden hat sich dieser Spruch bereits seit langer Zeit etabliert. Beschrieben wird damit im Grunde ein Trial-and-Error-Ansatz, der bewusst darauf setzt, unter Einsatz weniger Ressourcen herauszufinden, ob ein bestimmter Lösungsweg funktioniert oder nicht. Besonders in ergebnisoffenen Projekten, wie sie im Innovationsmanagement üblich sind, hat dieses Vorgehen einen Vorteil: Es ist erheblich ressourcensparender und anpassungsfähiger als das klassische Projektmanagement, bei dem ein Projekt im Vorfeld präzise geplant und später umgesetzt werden soll. Aufgrund des unvorhersehbaren Charakters der Innovation müssen unterschiedliche Parameter während eines Projekts stets aktualisiert, ersetzt oder völlig neu gedacht werden. Eine präzise Planung macht daher erst Sinn, sobald sich das Projekt auf einem sicheren Kurs befindet.

Kill your Darling

Es fällt sehr leicht, die eigene Idee für die beste, die cleverste oder die erfolgversprechendste zu halten. Seien Sie sich aber bewusst: Den anderen Teammitgliedern geht es mit ihren eigenen Ideen vermutlich genauso. Anstatt die eigene Idee unbedingt durchbringen zu wollen, fragen Sie sich lieber, welche konkreten Vorteile Ihre Idee liefert und wie sie gegebenenfalls mit anderen Lösungsmöglichkeiten kombiniert werden kann. Die besten Ideen entspringen selten nur einem einzigen Kopf.

Nimm Spaß ernst

Spaß stellt eine zentrale Voraussetzung für Kreativität dar. Nur wer sich wohlfühlt, kann von anderen inspiriert werden, ernsthaft Empathie aufbauen und verrückte Ideen entwickeln. Auch wenn Sie den Fokus natürlich nicht verlieren dürfen – nehmen Sie die Wichtigkeit von Spaß sehr ernst und fördern Sie ihn.

Räumlichkeiten & Materialien

Whiteboard-Marker
verschiedenfarbig

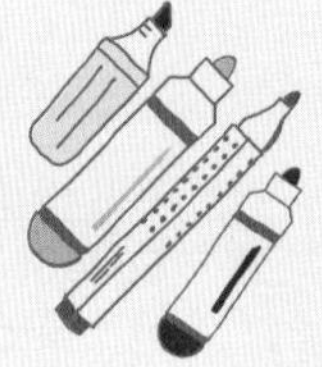

dünne und dicke Filzstifte
verschiedenfarbig

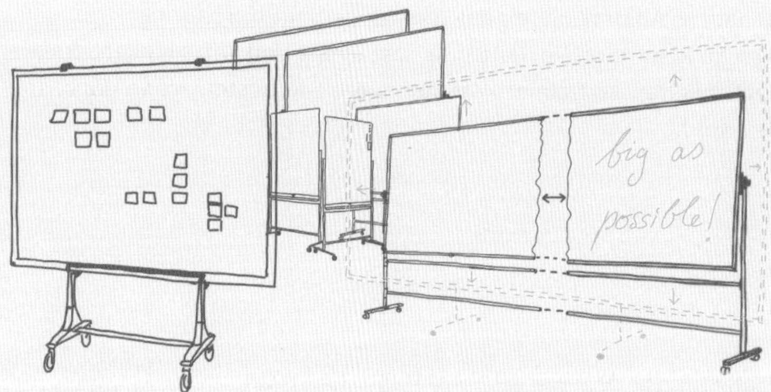

mindestens zwei Whiteboards
hängend oder stehend, Größe etwa 120 cm x 100 cm; je größer, desto besser

Klebepunkte
verschiedenfarbig

Post-its
in verschiedenen Farben und Größen

Prototyping-Materialien
unterschiedliche Stifte und Papierblätter in verschiedenen Farben, Klebestift, Gummiringe, Pappmaché, Schnur, Scheren, Draht, Bierdeckel, Lego und was man sonst noch an Kleinigkeiten zum Basteln vorrätig hat

Time Timer
oder ein äquivalentes Zeitmessinstrument

Kein gedrucktes Wort kann die eigene, unmittelbare Design-Thinking-Erfahrung ersetzen. In diesem Kapitel haben Sie jedoch die Möglichkeit, einem Design-Thinking-Team über die Schulter zu schauen. Dabei wird der gesamte Design-Thinking-Prozess einmal durchlaufen – vom Verstehen der Aufgabenstellung über die Ideengenerierung bis hin zum Prototyping und Testen.
Dieser Abschnitt des Buches ist auf den Textseiten jeweils in einen oberen und einen unteren Teil gegliedert. Im oberen Teil erfahren Sie, was während des Innovationsprozesses passiert. Hier sind relevante Inhalte farbig markiert, welche im unteren Teil erklärt werden.
Die wichtigsten Methoden sind mit einem Symbol (▶) versehen – Sie finden sie in den Moderationskarten wieder.

Inspiriert ist das Kapitel von einem realen Case: Ein Innovationsteam des Hasso-Plattner-Instituts in Potsdam hat im Sommer 2017 zum Thema „Ernährungsumstellung im Alter“ gearbeitet. Ziel war es, einen Service oder ein Produkt zu kreieren, mit dessen Hilfe Senioren dazu angehalten werden, sich gesünder zu ernähren.

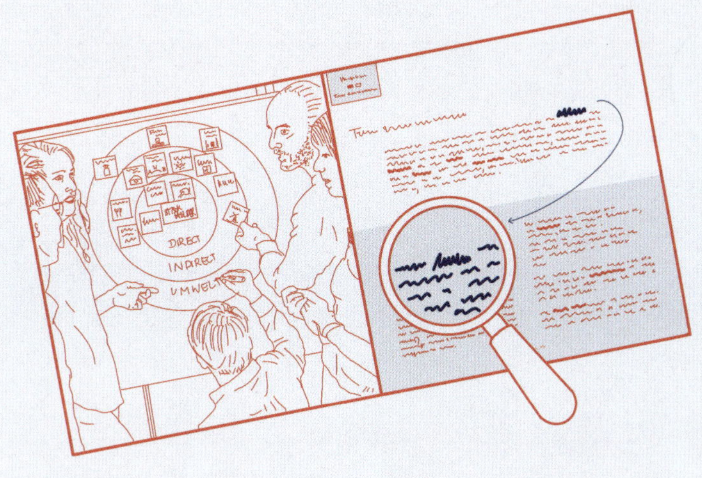

3 Hands on

Verstehen

Der Design-Thinking-Prozess beginnt mit der Phase des **Verstehens**. In dieser Phase soll das Team so viele Informationen über die Problemstellung zusammentragen, wie es die vorgegebene Zeit zulässt. Ziel ist, dass sich die Teammitglieder gegenseitig kennenlernen und gemeinsam ein Verständnis für das Problem erarbeiten.

Team zusammenführen

„Wie kann man das Ernährungsverhalten älterer Menschen verbessern?“ Mit dieser Problemstellung starten wir in unser Design-Thinking-Erlebnis. Damit wir sie nicht aus den Augen verlieren, schreiben wir sie lesbar und in Großbuchstaben auf ein Whiteboard in unserem Team Space. Bevor wir mit der Bearbeitung der Problemstellung loslegen, positionieren wir uns um einen der Stehtische und stellen uns im Team-Check-in reihum vor. Wir erzählen den anderen Teammitgliedern, welche besonderen Fähigkeiten wir zum Innovationsprozess beisteuern können, was uns in der Zusammenarbeit wichtig ist und welche Erfahrungen wir uns von dem Prozess erhoffen.

Eine typische **Problemstellung** im Design Thinking zielt auf ein Nutzererlebnis in einem bestimmten Kontext. Sie ist offen formuliert, damit genügend Spielraum für kreative Lösungen gegeben ist.

Whiteboards oder Glaswände sind unabdingbar, um Informationen zu sammeln, zu sortieren bzw. zu clustern und visuell darzustellen.

Das Hauptquartier des Innovationsteams ist der **Team Space**. Hier finden sich Tische zum Arbeiten, Whiteboards, Time Timer, Laptops sowie Schreib- und Notiz-Utensilien, wie Stifte, Post-its und Klebepunkte. Achten Sie darauf, den Team Space möglichst angenehm und flexibel zu gestalten.

Sitzen verleitet zum Ausruhen. Besonders in kreativen Prozessen ist daher eine stehende Haltung zu bevorzugen. Wenn anstelle von herkömmlichen Arbeitsplätzen z. B. **Stehtische** genutzt werden, erhöht sich die Aktivität im Team.

Das ▶**Team-Check-in** ermöglicht eine positive und familiäre Grundstimmung. Es dient dem Kennenlernen und dem Verständnis über die Stärken, Schwächen und Erwartungen der anderen Teammitglieder.

HOW TO IMPROVE ELDERLY PEOPLE'S NUTRITIONAL BEHAVIOR ?
IBRAHIM
+ LOGICAL, ENDURANCE
- PERFECTIONIST
ENERGY
[uh.jil.i.tee]
FRANZISKA
+ EMPATHY
- A BIT CHAOTIC

BIOLOGIST
Chemist
Social
Scientist

Wichtiger Bestandteil des Team-Check-ins ist zudem, dass wir uns untereinander verständigen, wie wir zusammenarbeiten wollen. Reihum berichtet jeder, welche Stärken und Fähigkeiten er ins Projekt und in die Teamarbeit einbringen kann und von welchen Schwächen und Besonderheiten die anderen Teammitglieder im Vorfeld bereits wissen sollten. Außerdem verständigen wir uns im Team auf ein Makro-Timing. Das Mikro-Timing hingegen legen wir jetzt noch nicht fest, sondern beschäftigen uns damit jeweils zu Beginn eines Projekttages.
Bereits Albert Einstein hat sinngemäß festgehalten: „Wenn ich eine Stunde Zeit hätte, ein Problem zu lösen, würde ich 55 Minuten damit verbringen, es erst einmal zu verstehen.“ In der Verstehen-Phase versuchen wir zunächst, im Team ein gemeinsames Verständnis des Problems zu erzielen.
Unser Team besteht aus fünf heterogenen Teammitgliedern, die unterschiedliche Perspektiven bezüglich der Problemstellung mitbringen. Abhängig vom fachlichen Hintergrund, aber auch von Sozialisation, Alter oder Geschlecht wird ein Teammitglied etwas als selbstverständlich wahrnehmen, was dem anderen gar nicht in den Sinn gekommen wäre. Daher soll nun ein gemeinsames Verständnis geschaffen werden.

Das **Makro-Timing** bezeichnet eine grobe Gliederung einer Projektphase, in der beispielsweise festgehalten wird, was das Oberthema einer Woche ist und wann die wichtigen Deadlines liegen. Makro-Timings können durch einen Wandkalender unterstützt werden.

Das **Mikro-Timing** teilt einen Tag detailliert in kleine Arbeitsphasen ein, die bis auf die Minute genau getaktet sein können. Mikro-Timings sind wichtig, um Termine mit Externen planen zu können, aber auch, weil Kreativität manchmal durch Zeitdruck gefördert wird. Wenn man sich für ein Brainstorming beispielsweise drei Minuten Zeit nimmt und die Uhr tickt, ist das oftmals ergiebiger, als sich so lange Zeit zu geben, bis alle Ideen auf dem Tisch sind. Mikro-Timings werden durch einen Time Timer unterstützt.

Die optimale Größe für ein Design-Thinking-Team beträgt etwa **fünf Mitglieder aus unterschiedlichen Fachbereichen** - im Idealfall mit ebenfalls unterschiedlichen Charakterzügen. Ein Team, das ausschließlich aus Programmierern besteht, würde wohl meist eine digitale Lösung vorschlagen. Fünf sehr schüchterne Menschen hätten vielleicht Probleme, ihre Lösung selbstbewusst zu präsentieren.

Problemstellung verstehen

Zunächst findet ein Brainstorming im Stillen statt: Jeder schreibt Assoziationen und Erfahrungen zum Thema auf Post-its. Dafür geben wir uns fünf Minuten Zeit und stellen den Time Timer. Anschließend werden die Notizen im Team ausgewertet und an einem Whiteboard geclustert. Der Biologe in unserem Team hat eine spezielle Perspektive auf den menschlichen Körper: Für ihn ist er vergleichbar mit einem Kraftwerk, dessen Funktionsweise sich im Alter von 50 Jahren nochmal signifikant umstellt – der Körper reagiert empfindlicher auf Zucker und Fette. Ein anderes Teammitglied weiß aus dem eigenen Bekanntenkreis, dass es bei Senioren zwei häufige Krankheiten gibt: Diabetes und Herzinfarkte. Hauptursache für beide Krankheiten ist eine falsche Ernährung, auch hier sind Zucker und Fette die größten Übeltäter. Gegen die Metapher des „Kraftwerks" wehrt sich die Sozialwissenschaftlerin in unserem Team. Sie betont, dass auch das soziale Umfeld das Altern beschleunigen oder verlangsamen kann. Sterben die eigenen Eltern, fühlt man sich schlagartig älter, weil keine ältere Familiengeneration mehr existiert. Allerdings geht es in der Verstehen-Phase nicht darum, die medizinische und die soziale Perspektive gegeneinander auszuspielen. Beide Deutungen gleichzeitig zu berücksichtigen, hat uns zu einem erweiterten Verständnis der Problemstellung geführt.

▶**Brainstorming** gibt es in vielfachen Ausführungen und Arten. Quintessenz ist das gemeinschaftliche Zusammentragen von Informationen als Grundlage für eine weitere Verarbeitung.

Post-its gehören zur Grundausstattung des Innovationsteams. Sie ermöglichen das rasche Clustern von Ideen oder Informationen und können mehrfach neu angeordnet werden. Versuchen Sie, ein Post-it stets mit einem visuellen Element zu versehen, da das Gehirn visuelle Informationen erheblich besser speichern kann als reinen Text. Probieren Sie außerdem, nur Großbuchstaben zu verwenden und den Grundgedanken in nicht mehr als drei Zeilen zu beschreiben.

Das Einhalten von Zeitvorgaben ist essenzieller Bestandteil des Design Thinking, da es das Team zwingt, fokussiert zu arbeiten. Am besten wird ein **Time Timer** benutzt. Eine Eieruhr oder ein Handy-Countdown würden allerdings den gleichen Nutzen bringen.

Das **Clustern** von Informationen fällt unter das konvergierende Denken. Informationen werden zusammengeführt und in sinnvollen Päckchen auf einem Whiteboard aufgezeigt. Dies ermöglicht es, Zusammenhänge zu verstehen und Komplexität zu reduzieren.

WISE
NO DIGITAL COMPETENCE
STATIONARY
SOCIAL INFLUENCE
FEELING LONELY
CONSTANT ILLNESS
UNDER STANDING
NUTRITION NEEDS
AT 50
HEARTSTROKE
HOW TO IMPROVE ELDERLY PEOPLE'S NUTRITIONAL BEHAVIOR ?
LESS SUGAR & FAT
CARING
NEED FOR
TRADITIONAL FOOD

„Wie kann man das Ernährungsverhalten älterer Menschen verbessern?" Das ist unsere Ausgangs-Fragestellung. Nachdem wir in unserem Team-Onboarding implizite Vorannahmen sichtbar gemacht haben, beschäftigen wir uns nun mit der Formulierung des Problems an sich. Dazu benutzen wir eine semantische Analyse. Wort für Wort nehmen wir die Problemstellung auseinander. Reihum sagt jedes Teammitglied, was es mit den einzelnen Aspekten verbindet. „*Verhalten* heißt ja nicht nur *Nahrungsaufnahme*, sondern auch *Informationsbeschaffung* oder *Zubereitung*", fällt einem Teammitglied ein. „Das Wort *verbessern* kann sich sowohl auf die erhöhte Nahrungsqualität als auch auf den niedrigeren Preis oder die geringere benötigte Zeit beziehen", merkt ein anderes Teammitglied an.

Wovon ist überhaupt die Rede? Mithilfe der ▶**semantischen Analyse** wird die Bedeutung der Problemstellung untersucht, indem sie zunächst in einzelne Sinnabschnitte gegliedert und anschließend Abschnitt für Abschnitt auf ihre möglichen Bedeutungen analysiert wird. Die semantische Analyse stellt sicher, dass eine Problemstellung nicht zu eng gedacht wird, sondern dass alle Mitglieder des Projektteams sämtliche möglichen Bedeutungen und Stoßrichtungen im Blick haben. Das schafft Raum und ermöglicht im nächsten Schritt eine möglichst breite Recherche.

FOOD QUALITY
PRICE $
HOW TO
TIME REQUIRED
SOCIAL QUALITY OF EATING
IMPROVE
FORMER WORKERS
PARENTS
ELDERLY
GRAND PARENTS
FAMILY MEMBERS
PEOPLE'S
PENSIONERS
NUTRITION
COOKING
BEHAVIOR
RECIPES
1.
2.
3.
FAST FOOD
KNOWLEDGE ABOUT HEALTHY NUTRITION

In der Phase **Verstehen** haben wir das gesammelte Wissen des Teams in Form von Post-its an einer Wand gesammelt, um ein gemeinsames Verständnis der Problemstellung zu entwickeln.

Unter-
suchen

In der Phase **Untersuchen** gehen wir jetzt noch einen Schritt weiter: Wir holen uns Wissen von außen ins Team. Dabei belassen wir es nicht bei der Lektüre von Fachbüchern und der Unterhaltung mit Experten. Zusätzlich schauen wir uns vor Ort Sachen selbst an, sprechen mit verschiedenen Zielgruppen und sammeln neue Erfahrungen.

NUTRITION
PYRAMID
Dairy
Veggies
Grains
Nutrition in the elderly
PREVALENCE OF UNDERNUTRITION
ZIEGENKÄSEDRESSING

Informationen sammeln

Was kommt bei der Generation 60+ auf den Teller? So richtig wissen wir das im Team nicht. Immerhin gab es in dieser Generation noch nicht so viele Veganer und Laktoseintoleranz war auch noch nicht bekannt. Zu Beginn des „Untersuchens“ starten wir eine Desk Research. Dazu recherchieren wir im Internet und suchen im Anschluss die Bibliothek der medizinischen Fakultät auf. Wichtig ist, arbeitsteilig vorzugehen: Es müssen nicht alle Teammitglieder alles lesen, aber wer etwas gelesen hat, sollte es effizient aufbereitet im Team präsentieren können.
Tatsächlich finden wir verschiedene Studien, die belegen, dass das Alter 60+ generell als Wendepunkt erlebt wird. Die eigenen Kinder verlassen das Haus, man selbst geht in Rente, der Körper reagiert z. B. bei der Ernährung und im Sport anders als früher. Trotzdem kommt eine Ernährungsumstellung für viele ältere Menschen vorerst nicht infrage. Erst, wer im unmittelbaren Umfeld einen Fall von Diabetes oder Herzinfarkt erlebt hat, überdenkt sein Ernährungsverhalten. Immerhin inspiriert das in der Regel auch enge Freunde und Familienangehörige – Sozialwissenschaftler sprechen von „Netzwerk-Effekten“.

▶ **Desk Research** ist ein fundamentaler Bestandteil der Untersuchen-Phase. Sowohl Online- als auch Offlinemedien werden nach wichtigen Informationen durchsucht und für das Team aufbereitet. Obwohl sich die normale Suchfunktion von Google für erste Recherchearbeiten sehr gut eignet, lohnt es sich, für ein tieferes Verständnis der Materie wissenschaftliche Paper, Abhandlungen und Studien zu Hilfe zu nehmen. Datenbanken, wie ScienceDirect oder EBSCO, eignen sich dazu genauso gut wie Google Scholar. Auch Videos oder Dokumentationen können hilfreichen Input liefern.
Tipp: Speichern Sie Ihre Ergebnisse in einem gemeinsamen Ordner, damit später darauf zurückgegriffen werden kann.

„**Effizient aufbereiten**“ bedeutet, nicht alles nachzuerzählen, was man herausgefunden hat, sondern die wichtigsten Erkenntnisse auf Post-its an einer Wand festzuhalten, um sie in einer späteren Phase den Mitgliedern des Projektteams vorstellen zu können. Überraschende Aussagen, Widersprüche oder emotionale Geschichten sind dabei besonders relevant.

REZEPTUR

Die Informationen, die schon vor uns liegen, gruppieren wir zu thematischen Clustern. Anschließend überlegen wir uns, wo noch Wissenslücken bestehen. Wir müssen nicht alle Informationen selbst recherchieren, sondern können bei Meinungsforschungsinstituten anrufen, Forscher befragen oder mit sonstigen Spezialisten Expertengespräche führen.
Unser erster Termin führt uns zu einem Arzt. Der Mediziner erzählt, dass viele ältere Menschen mit Gesundheitsproblemen zunächst gar nicht einsehen wollen, dass sie zu der Zielgruppe der Senioren gehören. Zudem führt der Mediziner – zusätzlich zu den problematischen Ernährungsbestandteilen Zucker und Fette – an, dass auch ein Flüssigkeitsmangel bei älteren Menschen Krankheiten verursacht.

Alle relevanten Informationen aus unserer Desk Research werden auf Post-its notiert und an ein neues Whiteboard geheftet. Zusätzliche Aspekte, wie Statistiken über die Ursachen von Herzinfarkt und Altersdiabetes, drucken wir in Farbe aus und hängen sie zu den Post-its an unsere Recherche-Wand.

Es ist sinnvoll, **Experten zu einem Thema zu interviewen (▶ Expertengespräch)**, um ein Themengebiet möglichst gut zu verstehen. Im Gegensatz zur Desk Research hat man den Vorteil, dem Experten gezielt Fragen stellen zu können. Nutzen Sie dies und vereinbaren Sie möglichst viele Telefonate oder verabreden Sie sich zum Kaffee. Die Qualität der Aussagen von Experten ist für ein Innovationsteam meist um ein Vielfaches wertvoller als die reine Recherche am Computer.

Auf die **Recherche-Wand** kann im späteren Prozess jederzeit wie auf eine Bibliothek zurückgegriffen werden. Jede vertikale Fläche kann als Recherche-Wand verwendet werden. An ihr werden Informationen, Bilder oder sonstige Inspirationen gesammelt. Sie wird im Laufe des Prozesses anwachsen und sorgt für eine gute Übersicht über das Thema.

Stakeholder identifizieren

Für welche Nutzer lösen wir hier eigentlich ein Problem? Es geht darum, das Ernährungsverhalten von älteren Menschen zu verbessern. Diese Senioren sind allerdings noch eine sehr breite Zielgruppe. In einer Stakeholder Map unterteilen wir ältere Menschen in verschiedene Segmente, wie z. B. Männer und Frauen oder Menschen mit Beruf und Menschen in Rente. Außerdem fügen wir weitere Bezugsgruppen hinzu, die in das Problem involviert sind, wie Ärzte, Apotheker oder Ernährungsberater.
Des Weiteren wollen wir mit Nutzern in Kontakt treten, die eine besondere Beziehung zum Thema „Ernährung" haben. Die sogenannten Extreme User sollen den Blickwinkel erweitern, indem z. B. Menschen mit extremen Essgewohnheiten oder gesundheitlichen Problemen herangezogen werden.

Nutzer sind Personen, die mit dem entsprechenden Themenfeld interagieren. Zu Nutzern wird Empathie aufgebaut, um Problemlösungen zu entwickeln.

Die ▶**Stakeholder Map** dient dazu, eine Übersicht über sämtliche relevanten Personengruppen zu gewinnen, die mit dem entsprechenden Thema zu tun haben. Unterteilt wird die Stakeholder Map in „direkt Betroffene", „indirekt Betroffene" und „Umwelt". Mithilfe der Stakeholder Map kann sichtbar gemacht werden, zu wem im nächsten Schritt Empathie aufgebaut werden soll.

Ein **Extreme User (▶Extreme User Map)** ist eine Person, die das gegebene Produkt in einer bestimmten Form besonders häufig oder gar exzessiv nutzt, damit in besonderem Kontakt steht oder sogar davon abhängig ist. Ein Leistungssportler stellt zum Thema „Ernährung" einen klassischen Extreme User dar. Personen, die ein bestimmtes Produkt strikt ablehnen oder damit überhaupt nicht in Berührung kommen, sind ebenfalls Extreme User. Ein Beispiel für solch einen gegenteiligen Extreme User wäre ein Einsiedler im Wald zum Thema „Instagram". Beide Extreme User sind aus unterschiedlichen Gründen wichtig: Diese Personen können häufig eine neue Perspektive zu einem Thema hinzufügen. Außerdem haben sie womöglich besondere Anforderungen an ein Produkt und können daher viel Auskunft geben.

FOOD INDUSTRY
EMPLOYER
HEALTH INSURANCE
DELIVERY SERVICE
RETIREMENT HOMES
RELATIVES
HOSPITALS
ELDERLY PEOPLE
DIETITIAN
RESTAURANTS
PHARMACIST
PHYSICIAN
STAKE HOLDER
SUPER-MARKET CHAINS
FARMERS
DIRECT
INDIRECT
ENVIRONME

TOPIC
WHERE
WHEN
DAVID
TBD
HOLIDAY
HOLIDAY
TBD

Die Stakeholder Map hilft uns beim Erstellen unseres Recherche-Plans. Unbedingt möchten wir persönlich mit Menschen zwischen 60 und 70 Jahren sprechen. Wir wollen ein paar Straßeninterviews führen und gehen davon aus, dass es einfach wird, Interviewpartner zu finden – denn wer in Rente ist, der hat meist viel Zeit. Als Erstes wollen wir eine Kirche aufsuchen, weil wir glauben, dort nach dem Sonntagsgottesdienst auf Senioren zu treffen.
Damit die Unterhaltungen nicht abschweifen, bereiten wir einen Interviewleitfaden vor. Wir wollen die Gespräche mit einer Frage nach dem allgemeinen Befinden beginnen, danach erkundigen wir uns nach der letzten Mahlzeit und lenken so das Gespräch auf das Thema „Ernährung". Uns interessiert zuerst, ob und wie sich die Ernährung in den letzten zehn bis zwanzig Jahren verändert hat, und ob das in Zusammenhang mit irgendeiner Erkrankung steht. Wir sind gespannt, ob fremde Menschen bereit sind, mit uns über Krankheiten zu sprechen.

Im **Recherche-Plan** wird aufgezeigt, welche Informationen zu welchen Themen gefunden werden sollen. Das kann sowohl digital, auf einem Whiteboard oder auch auf einem Blatt Papier geschehen.

Sobald die Interviewpartner identifiziert sind, kann ein **Interviewleitfaden (▶ Interview vorbereiten)** erstellt werden, um sich bereits im Vorfeld über die gewünschten Informationen im Klaren zu sein. Er beginnt mit einfachen Fragen und geht anschließend immer weiter in die Tiefe. Ziel ist es, dem Interviewpartner möglichst außergewöhnliche und emotionale Einblicke aus seinem Leben zu entlocken. Es sollten möglichst viele offene „Warum-Fragen" gestellt werden.

Fremde Menschen oder Menschen, denen man zufällig auf der Straße begegnet, erzählen häufig offener und unbefangener von ihren Lebensumständen als Personen, mit denen ein Termin ausgemacht wurde. Grund dafür ist die höhere Anonymität.

Empathie aufbauen

Mit unserem Interviewleitfaden wagen wir uns in den ersten Field Trip zu einer Kirche im Westteil Berlins. Der Gottesdienst ist gerade vorbei. Wir beobachten, wie die meisten Senioren ins benachbarte Wirtshaus einkehren, um das Wochenende ausklingen zu lassen, und schließen uns an. An einem offenen Buffet laden sich Menschen ab 50 Jahren den Teller mit Bratenscheiben voll. Es gibt Rotkraut, Kalbsfilet und zum Dessert Vanillecreme und Sauerkirschen. Wir holen auch je einen Teller, machen ein Foto von unserem Essen und setzen uns an einen längeren Tisch. Unverfänglich beginnen zwei Mitglieder unseres Teams ein Interview in Form einer Unterhaltung. Einer der beiden konzentriert sich auf das Fragenstellen, der andere hört aufmerksam zu. Nachdem wir uns der Runde am Tisch als Forschungsteam zu erkennen gegeben haben, dürfen wir auch den Notizblock herausholen, um wichtige Informationen mitzuschreiben. Zunächst reden wir mit der 60-jährigen Gerta, im Laufe des Gesprächs stößt Manfred (72) dazu, der uns für die nächste Woche zum Grillen in seinen Kegelverein einlädt.

Im **Field Trip** begibt sich das Team in den unmittelbaren, physischen Schauplatz des Themengebiets. Es werden Interviews geführt, Beobachtungen angestellt und nach besonderen Einblicken Ausschau gehalten.

Dokumentieren Sie die Ergebnisse und machen Sie gegebenenfalls **Fotos**, auf die zu einem späteren Zeitpunkt zurückgegriffen werden kann.

Es bietet sich an, dass sich je **zwei Mitglieder des Teams** mit einem Interviewpartner unterhalten. Dabei sollte ein Mitglied die Konversation führen, während die zweite Person die Ergebnisse dokumentiert. Hierzu eignen sich ebenfalls Post-its, da Sie die wichtigen Informationen später direkt auf einem Whiteboard clustern können, ohne sie vorher umzuschreiben. Es reicht völlig aus, sich auf die wesentlichen Aussagen bzw. Zitate zu beschränken.

Ein ▶ **Interview** kann in Form einer entspannten Unterhaltung dazu führen, dass sich der Interviewpartner wohlfühlt und somit unbefangener von seinen Erlebnissen berichtet. Elementar ist, den Interviewpartner ausreden zu lassen. Während der Unterhaltung sollten Sie maximal zwanzig Prozent des Redeanteils innehaben. Schauen Sie den Gesprächspartner an und achten Sie auf Mimik und Gestik – Fühlt sich der Interviewpartner wohl? Verschweigt er etwas? Zeigen Sie ehrliches Interesse und versuchen Sie, die zugrunde liegenden Informationen hinter einer Aussage mit möglichst vielen Warum-Fragen herauszubekommen. Legen Sie dabei vor allem Wert auf besonders emotionale Geschichten und ungewöhnliche Erkenntnisse, denn die hierbei gewonnenen Einblicke zeichnen das Interview als die wichtigste Methode aus, um eine Problemstellung aus Sicht des Nutzers zu verstehen.

Kneipen-Restaurant
Großes gepökeltes
12,90

Notizen zu Manfred

72 Jahre alt
Geschieden
Regelmäßiges Treffen mit Kegelverein

Ehemaliger Polizist

Grillt gerne gemeinsam mit seinem Kegelverein, meist gibt es hauptsächlich Fleisch.
„Steak oder Schnitzel gehören hier zum guten Ton.“
„Wir sind Männer und keine Hasen.“

Isst wenig Gemüse, seit er von seiner Frau geschieden ist.
„Meine Frau war die, die immer das Grünzeug gekocht hat.“
„Die meisten hier im Verein sind single oder geschieden.“
Vermutung: Frauen scheinen in der Partnerschaft gesunde Ernährung voranzutreiben.

Trinkt viel Kaffee, Bier und Limo, wenig Wasser.
„Ich lebe doch gesund – schließlich trinke ich jeden Tag genug Kaffee, Bier und Limo.“
Vermutung: Wenig Wissen über Ernährung.

Notizen zu Gerta

60 Jahre alt
Mitglied in Kirchengemeinde
Mutter von drei Kindern
Mann verstorben

Ehemalige Köchin in einer Schule

Sagt, sie kenne sich mit der Zubereitung von gesundem Essen aus, viele ihrer Kollegen allerdings nicht.
„Als wir damals den Speiseplan für die Schule erstellt haben, war ich erschüttert, was für ungesunde Gerichte von meinen Kollegen vorgeschlagen wurden."

Hat früher viel mehr selbst gekocht.
Warum jetzt nicht mehr?

Ehemann ist verstorben und Kinder sind aus dem Haus.
„Für mich alleine zu kochen, lohnt sich ja nicht."
Vermutung: Sich um jemanden zu kümmern, ist Motivator für höheren Aufwand in der Küche.

Ehemann hätte sich aus Eigenmotivation nur von Junkfood ernährt.
„Ohne mich hätte er damals nur gegessen, auf was er gerade Lust hatte."
Vermutung: Frauen ernähren sich durchschnittlich gesünder als Männer.

Instant
1.59
Kölln flocken
Kölln flocken
1.15
0.49
Kathi

Die ersten Interviews sind geführt und dokumentiert. Manfred hat z. B. keine Ahnung, dass „viel trinken“ etwas anderes bedeutet als „viel Kaffee und Limo trinken“. Aber wie ernährt man sich eigentlich gesünder? Wie kauft man besonders fett- und zuckerarm ein? Das wollen wir selbst erleben und begeben uns für eine Immersion in den Supermarkt um die Ecke. Um Kaffee und Limo machen wir einen großen Bogen, stattdessen kommen „light“-Versionen in den Einkaufswagen, dazu natürlich fettarme Milch und Wurst und Fleisch in Bio-Qualität. Als wir hinterher im Netz recherchieren, stellen wir fest, dass wir vieles falsch gemacht haben: Bio-Steak ist zwar für die Umwelt besser als normales Fleisch, aber trotzdem genauso fettig. Und über „light“-Produkte finden wir heraus, dass sie zwar oft weniger Zucker enthalten, Hersteller dafür aber zusätzliche Süßstoffe für einen besseren Geschmack beifügen – und auch das ist im Alter nicht gut für den Körper.
Ganz schön kompliziert! Es wird Zeit, die gesammelten Informationen systematisch auszuwerten.

Die verwendete Methode heißt ▶ **Immersion** (engl. Eintauchen), da sich das Team in die Situation eines bestimmten Nutzers bzw. Stakeholders begibt, um ein Gespür für die Erlebniswelt des gegebenen Themas zu entwickeln. Es wird versucht, sich so gut wie möglich in eine andere Person hineinzuversetzen und ihren Lebensraum mit ihren Augen zu sehen.

In der Phase **Untersuchen** haben wir uns ausführlich mit unserer Problemstellung auseinandergesetzt - und das nicht nur vom Schreibtisch aus. Wir waren draußen „im Feld", haben mit unserer Zielgruppe gesprochen und Empathie für ein Leben im Alter aufgebaut. Dabei sind viele Informationen zusammengekommen und noch herrscht großes Durcheinander: Seiten aus dem Notizbuch hängen neben Interview-Mitschriften, Fotos und Broschüren aus der Apotheke an der Recherchewand.

Synthese

In der **Synthese** geht es nun darum, Ordnung in das Chaos zu bringen. Wir werden die Informationen nach verschiedenen Mustern sortieren, versuchen Auffälligkeiten offenzulegen, Wichtiges von Unwichtigem zu trennen, um am Ende eine neue, fokussierte Problemstellung zu formulieren.

Informationen auswerten

Im bisherigen Design-Thinking-Prozess waren wir neugierig, haben Informationen aufgesogen und auch scheinbar Irrelevantes am Wegesrand nicht ignoriert. Das ist in der Synthese anders. Wir wechseln vom divergierenden Denken zum konvergierenden Denken, denn es geht darum, einen neuen Fokus zu finden. Die Synthese beginnt mit dem Auspacken. Im Team teilen wir miteinander, was wir erlebt haben. Das ist notwendig, da erstens nicht bei jedem Termin alle Mitglieder dabei waren und zweitens unterschiedliche Personen unterschiedliche Details aus einem Gespräch oder einem Vor-Ort-Termin mitnehmen. Allerdings wollen wir nicht alle munter drauflos erzählen wie bei einer abendlichen geselligen Runde, sondern uns anhand verschiedener Methoden fokussiert durch den Dschungel an Informationen hangeln. Auf ein Whiteboard zeichnen wir eine Auspacken-Tabelle, in die wir Ergebnisse unserer Recherche einsortieren. Sie unterstützt das Team dabei, sich beim Erzählen auf die wesentlichen Zitate einer Person zu fokussieren, nämlich diejenigen Aussagen, die überraschend, emotional oder widersprüchlich waren.

Im Gegensatz zur Recherche, während der das Innovationsteam für sämtliche neuartigen Informationen offen war **(divergierendes Denken)**, soll während der Synthese eine neue, konkretisierte Problemstellung entstehen. Daher ist es nun essenziell, bestehende Informationen zu filtern, zwischen verschiedenen Möglichkeiten auszuwählen und sich bewusst zu fokussieren **(konvergierendes Denken)**. Es ist wichtig, diese beiden Denkrichtungen stets voneinander getrennt zu halten.

Beim **Auspacken** berichten die einzelnen Teammitglieder über ihre Erlebnisse und Erkenntnisse, um so ein gemeinsames Verständnis des Erlebten zu erlangen. Dazu werden strukturiert und prägnant die wichtigsten Informationen aus der Untersuchen-Phase zusammengetragen.

Die ▶**Auspacken-Tabelle** besteht aus drei Spalten. Die erste Spalte enthält den Namen und ein Bild der interviewten Person, ihre wichtigsten Aussagen stehen in der zweiten Spalte. Nachdem sich das gesamte Team über das Gesagte im Klaren ist, werden die wichtigsten Aussagen in der dritten Spalte interpretiert und zusammengefasst.

Eine Aussage gilt als besonders relevant, wenn sie entweder **überraschend, emotional oder widersprüchlich** ist. Überraschende Aussagen sind relevant, da sie das bisherige Verständnis einer Problemstellung erweitern. Emotionale Aussagen stellen meist einen hohen Wert für die befragten Personen dar und alles Widersprüchliche ist ein Indiz für eine verschobene Wahrnehmung der befragten Personen. Gerade Letzteres bietet großes Innovationspotenzial, da Widersprüche häufig auf eine Diskrepanz zwischen Selbstanspruch und Wirklichkeit verweisen und somit tief sitzende Bedürfnisse aufzeigen.

WHO DID WE MEET ?
» QUOTE «
INTERPRETATION!
"WE ARE REAL MEN, NO RABBITS"

WHO DID WE MEET?
QUOTE
"WE ARE REAL MEN. NO RABBITS"

Das Auspacken erfolgt im Uhrzeigersinn. Jede Information wird stets von der Person wiedergegeben, von der sie auch selbst erlebt wurde. Das Festhalten auf Post-its hingegen übernehmen die anderen Mitglieder des Teams. Anschließend gehen wir im gesamten Team die Zitate durch und fragen uns: Was könnte das bedeuten? Dabei ist ausdrücklich gewünscht, eine Interpretation vorzunehmen. Diese Interpretationen landen in der dritten Spalte der Auspacken-Tabelle.
Wir beginnen das Auspacken mit Manfred, dem Rentner, der uns zum Grillen eingeladen hat. Wir hängen ein Foto von ihm an das Whiteboard und einigen uns auf zwei Zitate von ihm, die wir spannend finden. „Wir sind Männer und keine Hasen!" als emotionale Entrüstung, nachdem wir ihn fragten, ob es auch Salat gäbe. Daraus schließen wir, dass sich Manfred über die Wichtigkeit einer ausgewogenen Ernährung nicht bewusst zu sein scheint. „Ich lebe doch gesund – schließlich trinke ich jeden Tag genug Kaffee, Bier und Limo", ist für uns ein Widerspruch – denn während unseres Expertengesprächs mit dem Arzt haben wir gelernt, dass Wasser und ungesüßte Tees einen überwiegenden Teil der täglichen Flüssigkeitszufuhr ausmachen sollten. Gerade die von Manfred genannten Getränke sind nur in Maßen zu genießen.

Dadurch, dass **andere Teammitglieder** die Dokumentation des Erlebten übernehmen, erfolgt eine erste Filterung der Informationen. Denn wer die Situation selbst nicht erlebt hat, ist freier von subjektiven Beurteilungen. Zusätzlich wird dadurch der Fokus des gesamten Teams auf die aktuellen Erzählungen gelenkt.

Die Bedürfnisse der Nutzer liegen nur in seltenen Fällen direkt offen, sondern müssen erst erschlossen werden. Dazu **interpretiert** das Innovationsteam die wichtigsten Aussagen der Interviewpartner, um daraus entsprechende Schlüsse ziehen zu können. Wichtig ist es, hierbei keine wilden Vermutungen anzustellen, sondern die Interpretationen bestenfalls von konkreten Informationen abzuleiten, die vorher in der Untersuchen-Phase erworben wurden.

"WE ARE REAL MEN, NO RABBITS" ♡

„I DO LIVE HEALTHY – I DRINK A LOT OF COFFEE, BEER AND LIMONADE" O

„IT'S NOT WORTH TO COOK JUST FOR MYSELF" ♡

"BACK IN YEARS, I WAS STUNNED HOW POOR MY COLLEAGUE'S KNOWLEDGE REGARDING HEALTHY NUTRITION IS" O

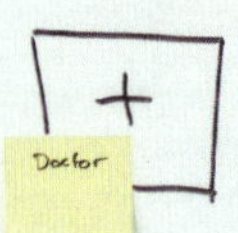

„AS THE RISK OF CARDIO-VASCULAR DISEASES INCREASES, A REDUCTION OF SUGAR AND FAT IS NECESSARY."

"WHEN I TALK TO ELDERLY PATIENTS ABOUT CHANGING NUTRITION THEY OFTEN DON'T FEEL ADDRESSED" ♡

"A LOT OF MY PATIENTS ABOVE 60 DRINK TOO LITTLE" O

„SUPERMARKET IS CONFUSING"

"I BOUGHT A LOT OF LIGHT-PRODUCTS AND THEN REALIZED THAT THEY ARE NOT HEALTHIER" O

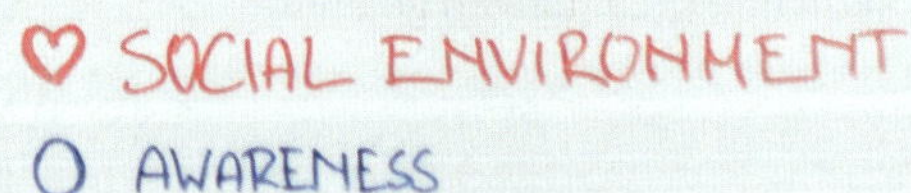

Nach Manfred interessiert uns Gerta. Von ihr haben wir ebenfalls einige Zitate mitgeschrieben: „Für mich alleine zu kochen, lohnt sich ja nicht", deutet darauf hin, dass für Gerta die Möglichkeit, sich um jemand anderen zu kümmern, ein Motivator für höheren Aufwand in der Küche ist. „Als wir damals den Speiseplan für die Schule erstellt haben, war ich erschüttert, was für ungesunde Gerichte von meinen Kollegen vorgeschlagen wurden." Mit diesem Zitat beschreibt Gerta ihre Zeit als Köchin in einer Berliner Schulkantine. Sie glaubt, dass nur sehr wenige Leute wissen, was es bedeutet, sich wirklich gesund zu ernähren. Nach und nach landen auf diese Weise auch die Informationen aus dem Expertengespräch und aus unserem Supermarkt-Selbstversuch am Whiteboard, wobei wir bei letzterem jeweils aus der Ich-Perspektive berichten.

Um herauszufinden, ob eine Interpretation auf ein wiederkehrendes Problem verweist, das womöglich mehrere Personen betrifft, suchen wir nach Fields of Opportunities. Im Team sind wir uns schnell einig, dass viele Interpretationsansätze in die Kategorien „soziales Umfeld" oder „Ernährungsbewusstsein" passen.

▶ **Fields of Opportunities** entstehen, wenn einzelne, thematisch zueinander passende Interpretationen zu einem Cluster zusammengeführt werden. Diese Möglichkeitsfelder dienen als Ausgangspunkt, um zu entscheiden, welche Art von Problem gelöst werden soll.

WHO DID WE MEET?

»QUOTE«

INTERPRETATION!

"WE ARE REAL MEN. NO RABBITS"
„I DO LIVE HEALTHY – I DRINK A LOT OF COFFEE, BEER AND LIMONADE"
→ NOT AWARE THAT BALANCED NUTRITION IS VERY IMPORTANT
→ LITTLE KNOWLEDGE ABOUT HEALTHY DIET

„IT'S NOT WORTH TO COOK JUST FOR MYSELF"
"BACK IN YEARS, I WAS STUNNED HOW POOR MY COLLEAGUE'S KNOWLEDGE REGARDING HEALTHY NUTRITION IS"
→ COOKING FOR OTHERS IS MORE MOTIVATING THA JUST COOKING FOR HERSELF
→ LITTLE KNOWLEDGE ABOUT HEALTHY DIET
5 VOTES

Doctor
„AS THE RISK OF CARDIO-VASCULAR DISEASES INCREASES, A REDUCTION OF SUGAR AND FAT IS NECESSARY."
"A LOT OF MY PATIENTS ABOVE 60 DRINK TOO LITTLE"
"WHEN I TALK TO ELDERLY PATIENTS ABOUT CHANGING NUTRITION THEY OFTEN DON'T FEEL ADDRESSED"

→ SUGAR AND FATS ESPECIALLY HARMFUL
→ DO NOT SEE THEMSELF AS PENSIONERS
→ DEHYDRATION IS A MAJOR PROBLEM

TEAM
„SUPERMARKET IS CONFUSING"
"I BOUGHT A LOT OF LIGHT-PRODUCTS AND THEN REALIZED THAT THEY ARE NOT HEALTHIER"

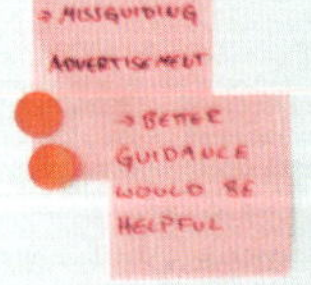

→ MISSGUIDING ADVERTISEMENT
→ BETTER GUIDANCE WOULD BE HELPFUL
♡ SOCIAL ENVIRONMENT
O AWARENESS

Nun gehen wir alle Interpretations-Post-its erneut durch und ergänzen dort, wo es zutrifft, ein entsprechendes Symbol für eine der Kategorien: für „soziales Umfeld“ ein Herz und für „Ernährungsbewusstsein“ einen Kreis. Wird ein Symbol sehr häufig vergeben, sehen wir, dass es sich bei diesem Problem nicht mehr um einen Einzelfall handelt. Je häufiger ein Symbol vergeben wird, desto lohnenswerter ist es für uns, etwas genauer hinzuschauen.

Jedes Interpretations-Post-it beinhaltet mögliche Problemstellungen, mit denen wir nun weiterarbeiten könnten. Es ist allerdings für unser Team unmöglich, all diese gleichzeitig zu bearbeiten. In einem Dot-Voting wählen wir mit Klebepunkten daher diejenige Interpretation aus, hinter der wir das größte Potenzial für Verbesserungen vermuten. Denn aus dieser Interpretation wollen wir später eine neue Problemstellung kreieren.

Die Verwendung von **Symbolen** empfiehlt sich, um Informationen zu gruppieren, da das Gehirn visuelle Elemente erheblich besser erfasst als reinen Text.

Das ▶ **Dot-Voting** ist eine Art der Abstimmung, bei der die Teammitglieder bunte Klebepunkte erhalten. Jedes Mitglied hat eine oder mehrere Stimmen (ein Klebepunkt entspricht je einer Stimme), die an das favorisierte Post-it geheftet werden. Das Post-it mit den meisten Punkten gewinnt. Das Dot-Voting findet nicht nur in der Synthese-Phase Verwendung, sondern immer dann, wenn eine Abstimmung stattfinden soll.

Informationen personalisieren

Für unsere weitere Arbeit fokussieren wir uns nur noch auf ein Interpretations-Post-it, welches aus der Abstimmung als Gewinner hervorgegangen ist: Es ist die Interpretation „Mangelndes Wissen über gesunde Ernährung“, die auf der Aussage von Manfred basiert, er würde schon genug gesunde Flüssigkeit zu sich nehmen, obwohl er nur Kaffee, Limo und Bier trinkt. Auch von Gerta haben wir erfahren, dass ihre Kollegen ebenfalls wenig von gesunder Ernährung verstehen. Diese Erkenntnis lassen wir in unsere Entscheidung miteinfließen. Andere potenzielle Möglichkeitsfelder sind damit trotzdem nicht verloren: Wir können sie jederzeit bei der Ideenentwicklung wieder aufgreifen. Auch ist es möglich, im Rahmen einer Iteration an diesen Punkt zurückzukehren, falls wir mit der ausgewählten Interpretation später nicht weiterkommen.

Für den Moment aber lassen wir all die anderen Interpretationen hinter uns und fokussieren uns wieder auf Manfred. Wir denken, dass ein Problem des Ernährungsbewusstseins vorliegt: Manfred weiß einfach nicht, wie ungesund große Mengen Kaffee, Bier und Limo für ihn sind. Die Kategorie des fehlenden Bewusstseins fanden wir außerdem häufiger vor, z. B. bei der Auswertung unseres eigenen Supermarkt-Erlebnisses oder in der Erzählung von Gertas Zeit in der Schulkantine – ein Anzeichen dafür, dass wir nicht nur Manfred, sondern vielen anderen Betroffenen mit einer Innovation in diesem Feld weiterhelfen könnten.

Hier wird der **iterative Charakter** des Innovationsprozesses sichtbar. Das Team erarbeitet eine Vielzahl von Interpretationen. Sollte sich herausstellen, dass die ausgewählte Richtung in einer Sackgasse endet, ist ein gut dokumentierter Zwischenstand viel wert, auf dessen Grundlage neue Wege beschritten werden können.

An dieser Stelle ist es wichtig, dass das Innovationsteam gemeinsam an einer Interpretation arbeitet und sich auf diese **fokussiert**. Die Synthese ist die komplexeste Phase im Design Thinking. Daher sollten sämtliche Interpretationen gesondert voneinander und mit gebündelter Konzentration bearbeitet werden.

Großes
mit

AGE
72 YEARS OLD
STATUS
DIVORCED
FORMER PROFESSION
POLICE-MAN
SALARY
2,5k €
HOBBIES
HAND-CRAFTING
BOWLING
LIKES
HANGING OUT WITH FRIENDS
OTHER
CONSER-VATIVE
MANFRED
„I DO LIVE HEALTHY - I DRINK A LOT OF COFFEE, BEER & LIMO"
„WE ARE REAL MEN, NO RABBITS"

Was steckt nun hinter Manfreds Aussage über Kaffee, Limo und Bier? Um das zu ergründen, erstellen wir eine Persona. In der Persona verdichten wir alles, was wir über Manfred wissen – Name, Alter, Hobbys, Familienstand, Wohnumfeld und so weiter. Ein paar der Fotos, die wir beim Grillen schießen durften, drucken wir aus und fügen sie der Persona hinzu. Einige Informationen ergänzen wir, wo sie fehlen – beispielsweise können wir Manfreds Gehalt in etwa schätzen, nachdem wir uns einige Statistiken zum Thema „Pensionierte Beamte in Deutschland" durchgelesen haben.
Ausgehend von dem Zitat „Ich lebe doch gesund – schließlich trinke ich jeden Tag genug Kaffee, Bier und Limo" können wir zusammen mit unserer Interpretation „Mangelndes Wissen über gesunde Ernährung" den Point of View definieren, an dem sich Manfred mit seinem Problem befindet. Gut lesbar schreiben wir auf ein Whiteboard: „Wir haben Manfred getroffen. Wir waren überrascht, dass er sich nicht bewusst darüber ist, wie ungesund Zucker, Koffein und Alkohol für ihn sind. Es würde sein Leben völlig verändern, wenn er leicht verständlich die Auswirkungen jedes Lebensmittels auf seine Gesundheit erfahren könnte." Dies dient uns als Kompass für den weiteren Innovationsprozess.

Mithilfe einer ▶**Persona** wird der zugrunde liegende Nutzer genauer beschrieben, damit sich das Innovationsteam so gut wie möglich in ihn hineinversetzen kann. Die Persona besteht aus dem Namen eines Nutzers, seinen wichtigsten Eigenschaften und gegebenenfalls weiteren Informationen, die das Team für relevant hält. Mithilfe der Interpretationen sollten Sie bzw. Ihr Team in der Lage sein, fehlende Informationen über den Nutzer abzuleiten. Dabei ist es nicht schlimm, wenn einige Vermutungen angestellt werden, die nicht hundertprozentig gewiss sind, denn das Ziel ist, sich in den Nutzer hineinversetzen zu können und nicht, ihn präzise abzubilden.

Der ▶**Point of View** (dt. Standpunkt) dient zur Beschreibung der Situation, in der sich der Nutzer aktuell befindet. Im Standpunkt wird erklärt, um welchen Nutzer es sich handelt, welche Informationen über ihn als wichtig eingestuft wurden und wie sein Leben verbessert werden könnte. Als Vorlage dient der folgende Lückentext:

1. Wir trafen...
2. Wir waren überrascht, dass...
3. Es würde sein/ihr Leben vollkommen verändern, wenn...

Zusammen mit der Persona bildet der Standpunkt die Grundlage für die Ideengenerierung.

Problem neu definieren

Im letzten Schritt der Synthese geht es darum, unsere ursprüngliche Problemstellung „Wie kann das Ernährungsverhalten von Senioren verbessert werden?“ so neu zu formulieren, dass sie auf unsere Persona zutrifft. Wir bedienen uns dabei der Formulierungshilfe der Wie-können-wir-Frage. Im Team machen wir reihum Vorschläge, wie wir die WKW-Frage formulieren können. Letztendlich einigen wir uns auf die folgende Variante:
„Wie können wir dem 72-jährigen Rentner Manfred dabei helfen, ein Bewusstsein für die Schädlichkeit von Zucker, Koffein und Alkohol zu entwickeln, damit er besser einschätzen kann, was gesund für ihn ist, obwohl die hierfür relevanten Informationen sehr komplex sind?“

Die ▶**Wie-können-wir-Frage** (WKW-Frage) leitet sich aus dem Point of View ab und beinhaltet die Person, ihr Problem und ihr interpretiertes Ziel. Im Vergleich zur ursprünglichen Fragestellung ist die WKW-Frage erheblich präziser und zielt auf eine konkrete Lösung ab.

HOW MIGHT WE
SUPPORT MANFRED
TO
2
ESTABLISH CONSCIOUS-
NESS ABOUT THE HARM-
FUL EFFECTS OF
CAFFEINE, SUGAR
& ALCOHOL
SO THAT
3
HE IS AWARE
OF WHAT IS
GOOD FOR HIM
DESPITE
4
ALL THE
NECESSARY
INFORMATION
ARE CONFUSING
TO HIM

In der **Synthese** haben wir gesammelte Informationen und Eindrücke im Team ausgewertet. Wir haben uns aus dem Dschungel an Möglichkeiten auf eine Problemstellung festgelegt, mit der wir weiterarbeiten wollen und anhand der zusammengetragenen Informationen eine Persona erstellt. Mithilfe der WKW-Frage haben wir festgehalten, wem wir eigentlich bei welchem Problem helfen wollen.

Ideen-findung

Mit dem Prozessschritt **Ideenfindung** verlassen wir nun den Problem- und betreten den Lösungsraum. Dabei wechseln wir zunächst vom konvergierenden zurück zum divergierenden Denken. Zum ersten Mal ist es nicht nur erlaubt, sondern ausdrücklich erwünscht, Lösungen zu formulieren – je mehr und je verrückter, desto besser.

Ideen generieren

Wie können wir Manfred bei seiner Herausforderung helfen? Weil wir mittlerweile selbst tief in die Problemstellung eingedrungen sind, haben wir schon erste Lösungsmöglichkeiten im Kopf. Wir atmen einmal kräftig durch und führen uns in einer Kurz-Meditation unsere Persona vor Augen. Dann schreibt jeder in einem fünfminütigen Silent Brainstorming mögliche Lösungen auf Post-its und heftet sie an die Wand, sobald die Zeit vergangen ist.
Nachdem wir unser Gehirn auf diese Weise entleert haben, sind wir bereit, ausgefallenere Kreativitätstechniken einzusetzen und dabei immer wieder die Perspektive und auch das Umfeld zu wechseln. Dafür brauchen wir das divergierende Denken: je mehr Ideen, desto besser! Auch scheinbar Irrelevantes kann zum Ziel führen und verrückte Ideen sind ausdrücklich erwünscht – schließlich wollen wir eine neue Lösung entwickeln.

Eine **Kurz-Meditation** hilft dabei, sich zu besinnen und auf die wesentlichen Aspekte für den nächsten Prozessschritt zu konzentrieren. Dabei geht es um nichts Spirituelles, sondern hauptsächlich darum, Abstand von seinen eigenen Gedanken zu nehmen, um sich in die Lebenswelt der Persona versetzen zu können.

Das **Silent Brainstorming** ist eine Art der Ideenfindung, bei der jedes Teammitglied für sich alleine an einem ruhigen Platz einige Minuten Zeit hat, um möglichst viele Ideen zu generieren. Das ruhige Umfeld, abseits des Teams, sorgt dabei für ausreichend Fokus. Diese Methode bietet sich vor allem am Anfang des Ideenfindungsprozesses an.

Ein ▶ **Brainstorming mit Perspektivenwechsel** dient dazu, die Problemstellung der Ideenfindung zu verändern. Dabei kann sich das Team fragen, wie ein besonderer Charakter, z. B. Steve Jobs, das Problem lösen würde bzw. gelöst hätte. Eine weitere Ausgangsfrage könnte sein, wie das Team das Leben des Nutzers nicht verbessern, sondern verschlimmern kann. Die Ergebnisse können in diesem Fall umgedreht werden, um auf weitere Lösungen zu kommen. Eine dritte Möglichkeit ist es, Rahmenbedingungen zu schaffen, in denen das Problem gelöst werden muss - z. B. durch eine zeitliche, geografische oder monetäre Limitierung.

Ein ▶ **Brainstorming mit Umfeldwechsel** zielt nicht auf eine veränderte Problemstellung, sondern auf ein neuartiges räumliches Erlebnis, in dem die Ideengenerierung stattfindet. Das Innovationsteam kann sich z. B. durch das Gebäude bewegen, um sich inspirieren zu lassen, oder still und zurückgezogen in einem dunklen Raum ablenkungsfrei nachdenken.

CATHOLIC CHURCH
FOOD THEMED CHURCH SERVICE
STEVE JOBS
SIRI BLOCKS PHONE IF MANFRED OPENS A BEER

Um auf viele außergewöhnliche Ideen zu kommen, nutzen wir Methoden mit einem hohen Energie-Level. Anregende Hintergrundmusik hilft uns dabei, zu kreativen Höhenflügen aufzubrechen. Mit dem „In den Schuhen von …"-Brainstorming fragen wir uns: Wie hätte Steve Jobs die Herausforderung gelöst? Was würde unsere Oma tun, wie würden Airbnb oder eBay an die Problemstellung herangehen?
Dabei entstehen extravagant klingende Ideen, wie eine Erweiterung des iPhone-Sprachassistenten „Siri", der das Handy des Nutzers für eine halbe Stunde sperrt, sobald er einen ploppenden Kronkorken hört.

Hintergrundmusik wirkt stimulierend und kann dem Team verhelfen, in einen „Flow" zu kommen. Gerade Musikstücke mit vielen Beats und wenig oder keinem Gesang, wie z. B. Elektro-Tracks, bieten sich an.

„In den Schuhen von …" ist ein Perspektivenwechsel der Ideenfindung. Das Team versetzt sich in die Sichtweise eines bestimmten Charakters und versucht, die Problemstellung aus dessen Sicht zu lösen. Je ungewöhnlicher der gewählte Charakter, desto bemerkenswerter sind meist die resultierenden Ideen.

VENDING MACHINE AT HOME

Besonders viel Spaß macht uns die Teufels Küche: Wie könnten wir die Lage für Manfred nicht verbessern, sondern so verschlimmern, dass er gar nichts Gesundes mehr zu sich nimmt? Von diesen Worst-Case-Ideen überlegen wir uns hinterher das Gegenteil und kehren sie dadurch in interessante Lösungsvorschläge um. Wir vermuten, dass Manfred noch weniger gesunde Lebensmittel kaufen würde, wenn er direkt an seinem Haus einen Snack-Automaten entdecken würde. Wie aber würde ein Obst- und Gemüse-Automat sein Ernährungsverhalten beeinflussen? Diesen Gedanken entwickeln wir weiter zu einem Konzept, das flächendeckend überall in Deutschland Automaten mit gesunden, hochwertigen Snacks anbietet.
Unsere letzte Kreativitätstechnik ist die Ideenkette. Jedes Teammitglied denkt sich zu seinem Lieblings-Post-it weitere Details aus und fühlt auf diese Weise bereits vor, welches Realisierungspotenzial in der jeweiligen Idee schlummern könnte.

Wenn die Ideen noch nicht außergewöhnlich genug sind, hilft Ihnen **Teufels Küche** dabei, einen Schritt weiterzugehen und zu überlegen, wie das Leben des Nutzers so unangenehm wie möglich gemacht werden kann. Dieser Perspektivenwechsel ist sehr radikal, doch wenn Sie die entstandenen „Worst-Case-Ideen" wiederum in ihr Gegenteil umkehren, kann die Teufels Küche besonders ungewöhnliche Lösungsvorschläge zu Tage fördern.

Um abstrakte Ideen aus dem Brainstorming mit weiteren Details zu füttern, eignet sich die **Ideenkette**. Hierbei werden zu einer Einstiegsidee (z. B. Webseite, Kampagne, Straßenfest) konkrete Eigenschaften hinzugefügt, die unter anderem elementare W-Fragen beantworten: Wie groß? Wer ist verantwortlich? Welches Material? Wie oft findet es statt?

"GOOD FOOD SECTION" IN SUPER-MARKET
FOOD DELIVERY SERVICE
ALL YOU CAN EAT SALAT BAR
HEALTHY FOOD TRUCK
LEARN FROM ANIMALS
COOKING BUDDY
SIRI BLOCKS PHONE
DISCOUNTS FOR HEALTHY FOOD (INSURANCE)
VR GOOGLES
SUPER-FOOD BOWLING
NUTRITION ON NETFLIX
INSTANT CALORIE TRACKER
HIGHER TAXES ON BAD FOOD
SHOPPING ASSISTANT
FORCE FOOD ALLERGY
THEMED CRUISE SHIP
TUNNEL OF HORROR FOR BAD FOOD
NUTRITION SCIENCE IN SCHOO
COOKING TINDER
CULINARY WALK THROUGH CITY
DRONE DELIVERY
FOOD THEMED CHURCH

Ideen selektieren

Was wir nun vorfinden, ist eine Sammlung aus vielen unterschiedlichen Post-its, die teilweise schon sehr konkret, teilweise noch ziemlich abstrakt sind: eine Augmented-Reality-Brille, ein Freunde-Programm, das Senioren nicht nur zum Kochen, sondern für langfristige Freundschaften verkuppelt, aber auch abstrakte Notizen, wie „Ernährungswissenschaft als Schulfach". Die Lieblings-Post-its der einzelnen Teammitglieder sind bereits einen Schritt weitergedacht. Manche scheinen großes Potenzial zu haben, andere entpuppen sich bereits als Sackgasse.
Um herauszufinden, mit welchen Ideen wir weiterarbeiten wollen, um sie zu greifbaren Prototypen zu entwickeln, wechseln wir wieder vom divergierenden ins konvergierende Denken und versuchen nun, die Fülle an Ideen zusammenzuführen.

Der Wechsel vom **divergierenden ins konvergierende Denken** ist an dieser Stelle besonders wichtig. Das Team sollte sämtliche Kritik an den Ideen bis zu diesem Punkt zurückhalten - erst jetzt darf bewertet werden.

Die Lösungsvorschläge sortieren wir dazu in einer 2x2-Matrix mit den Kriterien „Auswirkung" und „Aufwand". Alle Ideen, die in die Quadranten „wenig Aufwand, große Auswirkung" sowie „höherer Aufwand, große Auswirkung" fallen, beziehen wir in unser Dot-Voting ein. Eine Idee, die innerhalb des Teams besonderen Anklang findet, ist ein Einkaufsberater in Form einer App. Mit dieser App sollen Senioren die Barcodes von Supermarkt-Artikeln scannen. Im Anschluss wird ihnen angezeigt, wie ausgewogen das Verhältnis der Nährstoffe Kohlenhydrate, Eiweiß, Fett und Vitamine und wie kritisch der Zucker-Anteil in den Produkten ist. Außerdem gibt die Anwendung Empfehlungen, auf welche Produkte verzichtet werden soll bzw. welche beim nächsten Einkauf zusätzlich eingekauft werden könnten.

Die ▶ **2x2-Matrix** ist ein Werkzeug zur Veranschaulichung und Bewertung mehrerer Ideen oder sonstiger Informationen. Sie besteht aus einer x- und einer y-Achse, die mit zwei frei wählbaren Dimensionen beschriftet werden: „Dauer der Umsetzung", „Kosten", „Nutzen für Zielgruppe", „Realisierbarkeit" und „Wow-Faktor" sind häufig sinnvoll, wenn es um eine erste Bewertung der Ideen geht.

LEAST EFFORT
FOOD THEMED CHURCH
ALL YOU CAN EAT SALAT BAR
CULINARY WALK THROUGH CITY
TUNNEL OF HORROR FOR BAD FOOD
COOKING BUDDY
IMPACT
SHOPPING ASSISTANT
INSTANT CALORIE TRACKER
HEALTHY FOOD TRUCK
COOKING TINDER
MATCH
„GOOD FOOD SECTION" IN SUPER-MARKET
FOOD DELIVERY SERVICE
DISCOUNTS FOR HEALTHY FOOD (INSURANCE)
THEMED CRUISE SHIP
SIRI BLOCKS PHONE
NUTRITION ON NETFLIX
VR GOOGLES
FORCE FOOD ALLERGY
DRONE DELIVERY
HIGHER TAXES ON BAD FOOD

In der **Ideenfindung** haben wir im Team viele kreative Ideen entwickelt, wie man das neu definierte Problem lösen könnte. Dabei haben wir uns vorerst nicht um Umsetzbarkeit oder Finanzierbarkeit gekümmert, frei nach dem Motto: Je mehr verrückte Ideen, desto besser!

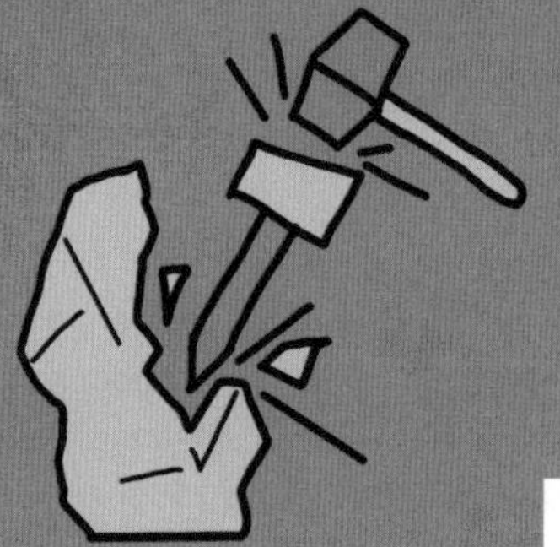

Proto-typing

Im **Prototyping** geht es nun darum, unserer Lieblingsidee eine physische Gestalt zu verleihen, damit wir sie als greifbares Test-Modell in die Welt hinaustragen können.

Kernfunktion definieren

Prototyping ist „Denken mit den Händen“. Für unser Team hat das den Zweck, dass wir zum einen überprüfen können, ob wir uns unter den Ideen auf den Post-its das Gleiche vorstellen. Zum anderen haben wir dadurch die Möglichkeit, unsere Ideen in der Praxis zu testen und Feedback von Nutzern zu bekommen.

Als ersten Schritt, der uns zum Prototyping hinführt, definieren wir gemeinsam die Kernfunktion für die Nahrungsmittel-App. Beim Nutzer muss ein Bewusstsein dafür erzeugt werden, dass jede Mahlzeit – und damit jeder Einkauf – ein ausgewogenes Verhältnis der Grundnährstoffe abdecken sollte. Die App soll außerdem auf potenzielle Mängel im Ernährungsverhalten hinweisen und direkt Verbesserungsvorschläge unterbreiten. Mithilfe der Kernfunktion füllen wir gemeinsam eine Ideenserviette aus. Dafür zeichnen wir eine kleine Skizze des zu erstellenden Prototyps, einigen uns auf den Namen „Shopping Assistant“ und erklären, wie die App funktionieren soll. Im ersten Testen wollen wir vor allem herausfinden, ob unsere Zielgruppe die Zusatzinformationen als nützlich empfindet und ob das Medium einer App auch unsere Zielgruppe (Personen 60+) anspricht. Weiterhin möchten wir den Prototyp mit dem Filialleiter eines Supermarkts besprechen, um herauszufinden, wie Lebensmittelhändler zu unserem Konzept stehen.

„**Denken mit den Händen**“ ist ein geflügelter Ausdruck im Design Thinking. Um einen Sachverhalt (be-)greifen zu können, muss der Nutzer damit interagieren können. Fundamentaler Bestandteil des Design Thinking ist das Erlebbarmachen einer Problemlösung für den Endnutzer. Nur so kann nützliches Feedback erworben werden, damit sich das Innovationsteam Schritt für Schritt an eine saubere Lösung herantasten kann. Das Herantasten bewirkt, dass eine kostenintensive, aufwendige Entwicklung des fertigen Produkts erst dann angestoßen wird, wenn tatsächlich die Nutzerbedürfnisse erfüllt werden. Durch das gemeinschaftliche Prototyping erarbeitet sich das Team zusätzlich ein konkretes, gemeinsames Verständnis der Idee.

Die **Kernfunktion (▶Critical Function)** ist das Herzstück der Prototyping- und der Testen-Phase. Nachdem einzelne Ideen ausgewählt wurden, stellt sich das Team nun die Frage, was den zugrunde liegenden Mehrwert einer Idee für den Nutzer darstellt. Man kann vielseitige und beeindruckende Werkzeuge in ein Schweizer Taschenmesser einbauen – solange die Kernfunktion (in die Tasche stecken können) nicht erfüllt ist, haben die restlichen Spezifikationen kaum einen Sinn.

Die **▶Ideenserviette** dient zur Konkretisierung einer Idee und umfasst einen Namen, eine Kurzbeschreibung samt Skizze der Idee, die Kernfunktion sowie die zu testenden Annahmen.

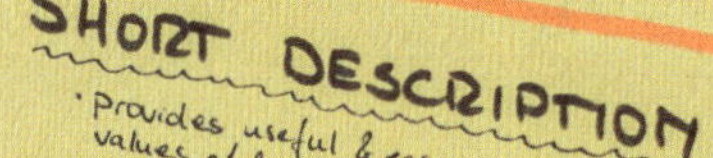
IDEA NAPKIN
IDEA'S NAME
SHOPPING ASSISTANT
VISUALISATION
SHORT DESCRIPTION
• Provides useful & easy to understand infos about nutritional values of food via app
• shows customer how healthy items in shopping cart are & if there are any nutritions that he might have too little of
CRITICAL FUNCTION
CREATING AWARENESS BY PROVIDING INFORMATION ABOUT NUTRITIONAL BEHAVIOR
ASSUMPTIONS TO BE TESTED
• Will the infos about nutritional values be perceived as helpful?
• How does the target group feel about the Assistant being an app?
• Will supermarkets support our idea?

Octan

Prototyp erstellen

Es gibt viele unterschiedliche Arten von Prototypen und je nachdem, welche Art zur Visualisierung unserer Idee am besten passt, brauchen wir entsprechende Materialien. Um z. B. einen Prototyp zu bauen, können zahlreiche Utensilien als Prototyping-Sets eingekauft werden. Auch Gegenstände aus dem Haushalt oder der Bastelkiste können zum Prototyping verwendet werden.
Wir ziehen kurz in Erwägung, unsere App in einem Rollenspiel zu simulieren. Bei dieser Form des Testens würde anstelle der App ein menschlicher Einkaufsberater im Dialog mit der Testperson Zusatzinformationen zu den Supermarkt-Artikeln bereitstellen. Ein solcher Rapid Prototype wäre einfach zu realisieren und könnte uns Feedback geben, ob die Zusatzinformationen unserer Zielgruppe generell weiterhelfen. Allerdings lässt ein Rollenspiel noch kein Feedback auf das Medium der App zu.

Die einfachste und meist auch effektivste Form, einen Prototyp zu bauen, ist mit den eigenen Händen. Auch wenn es vorgefertigte **Prototyping-Sets** im Onlinehandel zu kaufen gibt, können die meisten Gegenstände problemlos im Schreibwarenladen oder im Supermarkt günstig erworben werden. Es empfehlen sich biegsame Gegenstände, wie Pfeifenreiniger und Draht, unterschiedlich dickes und farbiges Papier, Klebestreifen, Scheren und weitere Bastelutensilien.

Wenn keine Produkte, sondern Dienstleistungen oder Abläufe von Ereignissen getestet werden sollen, bietet sich ein Prototyping anhand von einem ▶ **Rollenspiel** an. Dabei schlüpfen die Teammitglieder in die Rolle einer Person, einer Dienstleistung oder sogar eines Gegenstandes, sodass sie mit dem Endnutzer interagieren können. Ein Mitglied kann sich z. B. als Smartphone verkleiden und mit einem Nutzer sprechen. Oder jemand könnte in einem Kittel als Arzt auftreten, um einen Krankenhausaufenthalt für den Nutzer zu simulieren - der Fantasie sind keine Grenzen gesetzt. Um das Rollenspiel zu strukturieren und besser planbar zu machen, empfehlen wir die Erstellung eines Skripts für die „Schauspieler".

Der sogenannte **Rapid Prototype** ist extrem schnell gebaut und somit sehr ressourcensparend. Zwischen der Produktidee und dem ausgereiften Produkt stecken meist viele Iterationsschleifen. Es ist oftmals hilfreich, mit einem einfachen physischen Modell anzufangen, welches dem Nutzer während des Testens in die Hand gegeben werden kann. Ein Rapid Prototype bietet des Weiteren den Vorteil, dem Nutzer während des Tests nicht das Gefühl zu geben, er müsse ein bereits fertiges Produkt kritisieren, was in der Praxis oftmals zu verfälschtem Feedback führt.

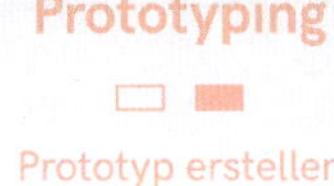

Um herauszufinden, wie unsere Zielgruppe auf das Konzept eines digitalen Einkaufsberaters reagiert, brauchen wir einen Prototyp, der näher an eine App herankommt. Aus diesem Grund entscheiden wir uns für die Umsetzung anhand eines Papier-Prototyps. So können wir schnell eine App-Attrappe bauen – ohne digitale Programme beherrschen zu müssen oder uns Gedanken um eine konkrete Ausgestaltung von Buttons o. Ä. zu machen. Das hilft uns dabei, uns auf das Prototyping der vorher festgelegten Kernfunktion zu fokussieren.

Den Papier-Prototyp bauen wir, indem wir uns selbst einen Wireframe erstellen und anschließend eine Smartphone-Attrappe im Maßstab 2:1 aus Papier anfertigen. Wir schneiden ein paar Blätter auf Display-Größe zu, sodass man nach dem Prinzip eines Daumenkinos blätternd durch die App navigieren kann. Auf die Papiere zeichnen wir dann den ersten Entwurf einer Menüstruktur.

Ein **Papier-Prototyp** kann zur Veranschaulichung eines digitalen Produkts, wie beispielsweise einer App oder einer Webseite, dienen, indem die grundlegenden Inhalte und Menüstrukturen auf Pappe oder Papier dargestellt werden. Dieses Vorgehen ist ebenfalls sehr ressourcensparend und hat oftmals einen ähnlichen Effekt wie das Testen eines digitalen Modells, wenn es um ein erstes Feedback bezüglich der grundlegenden Idee geht.

Unter einem **Wireframe (▶ Digitales Modell)** versteht man die schematische Darstellung eines Seitenlayouts für digitale Produkte. Es dient zur Veranschaulichung und kann entweder als Vorführmodell oder zur internen Visualisierung innerhalb des Innovationsteams genutzt werden.

PICTURE
LASAGNA
L
CARB
FAT
SUGAR
VITAMIN
PROTEIN

HISTORY
MY HISTORY
LASAGNA
KETSCHUP
APPLE
WATER
PICTURE LASAGNA
CARB
FAT
SUGAR
VITAMIN
PROTEIN
PRESS TO SCAN
SCAN PRODUCT
SHOPPING HISTORY
START
SCAN
DOWNLOAD AT APP STORE
During

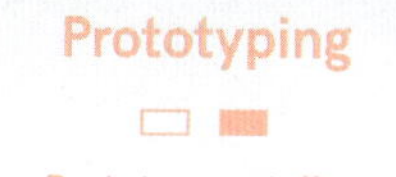

Weil wir noch nicht wissen, für welche Supermarkt-Artikel sich unsere Testpersonen entscheiden werden, schneiden wir farbige Papier-Balken unterschiedlicher Länge aus. So können wir später produktabhängig für jeden Nährstoff entweder den Wert „viel“, „mittel“ oder „wenig“ simulieren. Auch für die Einkaufsempfehlung am Ende bereiten wir unterschiedliche Optionen vor: „Sie scheinen mehr Vitamin C vertragen zu können. Wie wäre es mit ein paar Orangen?“ oder „Eiweiß kommt gerade ein bisschen kurz. Warum kaufen Sie beim nächsten Mal nicht einen leckeren Fisch, wie z. B. einen Seelachs oder eine Forelle?“.
Da man durch eine App Schritt für Schritt navigiert, werden die Papier-Screens dem Nutzer in einer bestimmten Reihenfolge angezeigt. Aber in welcher? Wann wird ein Button gedrückt und wann wird ein Barcode einscannt? Um dies zu konkretisieren, zeichnen wir zusätzlich ein Storyboard. Damit möchten wir nachvollziehen, wie genau der Nutzer unsere App verwenden soll.

Das **Storyboard** ist die bildhafte Abfolge von Ereignissen auf einem Blatt Papier. Es dient dazu, entweder intern oder einer dritten Person den Verlauf einer Idee darzustellen.

Im **Prototyping** haben wir unseren Ideen eine greifbare Gestalt verliehen. Das hat uns dabei geholfen, Gedachtes noch weiter zu verfeinern. Es hat aber auch den Vorteil, dass wir nun etwas in der Hand haben, das wir bereits vorzeigen können.

Testen

Beim **Testen** wollen wir genau das machen: Unseren Prototyp in einem sehr frühen Stadium nach draußen tragen, um Feedback von der Zielgruppe einzuholen.

Prototyp testen

Unser Prototyp erinnert nur sehr entfernt an eine App. Genau genommen ist es Pappe mit einem Stapel Papier. Erhalten Testpersonen einen Prototyp bereits in einem so frühen Stadium, sind sie bereit, sehr ehrliches Feedback zu geben. So können wir feststellen, ob unsere Idee gut ankommt, noch bevor wir zu viel Zeit oder Geld investiert haben.
Auf der Ideenserviette haben wir bereits offene Fragen festgehalten, die wir im Test überprüfen wollen: Empfindet unsere Zielgruppe die Zusatzinformationen als nützlich? Wie stehen unsere Nutzer einer digitalen Anwendung gegenüber? Wie bewerten Lebensmittelhändler unser Konzept? Das Testszenario gestalten wir so, dass die Testperson sich interaktiv mit dem Prototyp auseinandersetzen kann und wir dadurch Antworten auf unsere Fragen erhalten.

Die **Testperson** sollte möglichst viele Eigenschaften mit der Persona aus der Synthese teilen - schließlich geht es um eine Problemlösung für eben diese Personengruppe. Testpersonen können zufällig am Ort des Geschehens eingeladen werden oder das Team entscheidet sich, vorab einen Termin auszumachen. Letzteres ist gerade dann von Vorteil, wenn die Testperson einer seltenen oder schwer zugänglichen Personengruppe angehört (Pilot, Schuldirektor etc.).

Damit das **Feedback** auch wirklich ehrlich ausfällt, ist es wichtig, das Testszenario so vorzubereiten, dass die Testperson sich hinterher traut, ihre Meinung zu sagen - auch, wenn das Feedback negativ ausfällt. Das Phänomen der sozialen Erwünschtheit führt dazu, dass viele Menschen dazu neigen, lieber Komplimente zu geben, als Kritik zu äußern.

„**Interaktiv**" bedeutet in diesem Fall, dass das Innovationsteam der Testperson den Prototyp übergibt, ihn aber weder präsentiert noch erklärt. Somit soll eine Interaktion zwischen Mensch und Produkt bzw. Dienstleistung ermöglicht werden. Die Testperson soll den Prototyp auf diese Weise möglichst unvoreingenommen ausprobieren und durch „lautes Denken" direkt Feedback abgeben können. Der Unterschied zwischen „etwas sehen" und „etwas erleben" ist dabei sehr groß.

Für das Testszenario unserer App suchen wir einen Supermarkt, der uns erlaubt, vor einem Regal einen Test-Stand aufzubauen. Hier empfangen wir ältere Menschen, die unserer Zielgruppe entsprechen. Wir stellen uns kurz vor, erklären, dass wir einen Prototyp einer App entwickelt haben, die das Einkaufserlebnis verbessern soll, und drücken der ersten Testperson unseren Prototyp in die Hand. Explizit fordern wir dazu auf, während des Testens laut zu denken. Ab diesem Moment lassen wir die Testperson eigenständig blätternd durch die App navigieren. Wir versuchen, dabei möglichst wenig zu kommentieren und zu erklären, und intervenieren nur, wenn die Testperson absolut nicht weiterkommt.

Indem die Testperson aufgefordert wird, **laut zu denken**, kann das Team einzelne Gedankenschritte besser nachvollziehen. Möglicherweise kommt die Testperson auf Ideen oder Anwendungsmöglichkeiten, an die bisher niemand gedacht hat.

Während der Interaktion hält sich das Team mit **Kommentaren oder Erklärungen** zurück. Oftmals kommt es vor, dass gerade die ungeplante Handhabung des Prototyps zu neuen Erkenntnissen führt – man spricht vom sogenannten Missuse. Ein klassisches Beispiel dafür ist die Verwendung des Blitzes einer Handykamera als Taschenlampe, die zur Entwicklung zahlreicher Lampen-Apps geführt hat.

PRESS
TO
SCAN

PRESS
TO
SCAN

Unsere Nutzertests mit den Senioren laufen ziemlich erfolgreich. Die App wird verstanden. Nur vereinzelt scheinen die Bezeichnungen unserer Buttons nicht selbsterklärend zu sein. Besonders gut werden die Empfehlungen aufgenommen. „Wenn mir jemand sagt, dass ich mehr Kohlenhydrate zu mir nehmen soll, dann weiß ich immer noch nicht, was ich essen soll", sagt eine Testperson. „Euer Einkaufsassistent gibt mir gleich Beispiele, was ich zusätzlich kaufen kann, damit mein Bedarf gedeckt wird." Überraschungen erleben wir allerdings auch. Die Senioren, die ein Smartphone besitzen, erzählen uns, dass sie es meistens nur für Anrufe und Textnachrichten benutzen. Nur in vereinzelten Fällen installieren sie weiterführende Apps. Viele Rentner scheinen außerdem gar kein Smartphone zu besitzen, was jedoch die Grundvoraussetzung für unsere Idee ist.

Der Stakeholder-Test wird mit dem Filialleiter eines Supermarkts durchgeführt. Es geht uns nicht darum, ob er die App bedienen kann. Stattdessen wollen wir herausfinden, ob und unter welchen Umständen sich eine Supermarktkette vorstellen könnte, unsere App zu bewerben oder sogar zu finanzieren. Zusätzlich finden wir den Gedanken spannend, eine solche App als Werbemaßnahme für einen Supermarkt zu nutzen. Denn es zeigt, dass sich dieser Supermarkt für das Wohl der Kunden einsetzt. Unser Fazit: Wenn die Einkaufsempfehlungen in der App zu mehr Umsatz im Laden führten, stünden die Chancen nicht schlecht, einen Supermarkt als Sponsor zu gewinnen. Besonders wichtig ist eine abschließende Anmerkung des Filialleiters: Die Empfehlung der App, von ungesunden Produkten die Finger zu lassen, empfindet er als sehr kontraproduktiv – kein Supermarkt würde eine App unterstützen, die Kunden dazu verleitet, ein bestimmtes Produkt seltener zu kaufen.

Testergebnisse auswerten

Das gesammelte Feedback nehmen wir mit in unseren Team Space. In einem Feedback-Kreuz clustern wir die Informationen: Was fanden die Testpersonen gut? Was kam nicht so gut an? Was wurde nicht verstanden? Gibt es zusätzliche neue Ideen, die unsere Testpersonen geäußert haben?
Die Kernfunktion, die Zielgruppe direkt beim Einkauf mit Zusatzinformationen zu versorgen, wurde von allen Testnutzern sehr positiv bewertet. Ebenso die anschließenden Empfehlungen für Produkte, die mehr Ausgewogenheit in den Einkauf bringen. Das Feedback des Filialleiters berücksichtigen wir sofort, indem wir eine wirtschaftlichere Version des Prototyps entwickeln, die nicht mehr von Produkten abrät, sondern stattdessen zusätzliche Lebensmittel empfiehlt. Die größte Schwachstelle unseres Konzepts ist hingegen ganz klar die Tatsache, dass es sich um eine App handelt – da unsere Zielgruppe schlichtweg nur schwer mit digitalen Produkten umgehen kann.

Das ▶**Feedback-Kreuz** bewertet unterschiedliche Dimensionen eines Tests: Was lief gut? Gab es Kritik? Welche Fragen wurden gestellt? Was für neue Ideen haben sich ergeben?

Gerade die **Wirtschaftlichkeit** sollte im Innovationsprozess nicht vernachlässigt werden. Denn ein Produkt, das keinem Stakeholder (zumindest indirekt) Geld einspielt, ist in den wenigsten Fällen erstrebenswert. Ökologische oder kommunikative Themen stellen hier eine Ausnahme dar.

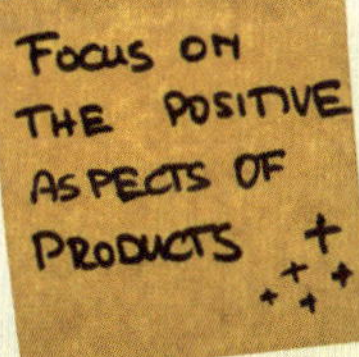

FEEL SUPPORTED & ENCOURAGED
FEEL SUPPORTED AND ENCOURAGED
„HOW TO MAKE THIS SERVICE MORE CONVENIENT TO ME?"
CREATES AWARENESS
TIPPS ARE APPRECIATED
"COULD YOU SEND THE RESULTS TO MY HOME ADDRESS?"
?
+
−
!
DON'T KNOW HOW TO INSTALL APPS & HANDLE THEM
FOCUS ON THE POSITIVE ASPECTS OF PRODUCTS
DENIGRATING SPECIFIC PRODUCTS DOES NOT MATCH SUPERMARKET'S POLICIES
SUMMARY OF ALL ITEMS WOULD BE APPRECIATED
MANY PENSIONERS DON'T HAVE SMARTPHONES
GREAT POTENTIAL FOR OVERALL SHOPPING EXPERIENCE

Summe 9,39
Total per 100g
20g
Carb : 50g
Dietary fiber : 10g
Protein : 20g
Balance:
you missed:
-Dietary fiber
-Protein
How about :
>Fruits, Fish !
Track your nutrition history online !
Have a great day!

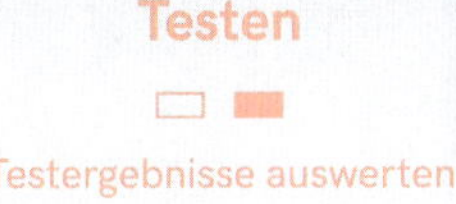

Iteration

In einer Iterationsschleife führen wir ein neues Brainstorming durch zu der Frage: Wie können wir älteren Menschen Zusatzinformationen zu ihren Einkäufen vermitteln, obwohl Menschen über 60 nicht immer ein Smartphone besitzen oder dieses nur begrenzt bedienen können?

Ein Teammitglied merkt an, dass der Barcode eines Produkts während des Einkaufens ohnehin einmal gescannt wird: beim Bezahlvorgang. Diese Tatsache nutzen wir und entwerfen eine Alternative zur App: eine Software-Erweiterung für Supermarkt-Kassensysteme. Unser neuer Prototyp sieht vor, dass Supermarkt-Kassen auf den Kassenbon das aufsummierte Verhältnis der einzelnen Nährstoffe direkt unter die Einkaufssumme drucken und dabei auch Empfehlungen für eine ausgewogenere Ernährung ausgeben. Auf diese Weise kann jeder Nutzer ein erstes Feedback zu seiner Ernährung erhalten, egal ob er ein Smartphone besitzt oder nicht. Durch Scannen eines QR-Codes auf dem Kassenbon können die digital affineren Nutzer ihren Einkauf in eine App übertragen und so über einen längeren Zeitraum ihr Ernährungsverhalten analysieren lassen.

Unser weiterentwickelter Prototyp verlangt, dass wir im Design-Thinking-Prozess ein paar Schritte zurückgehen. Wir benötigen neue Nutzertests. Wir wollen herausfinden, ob der Aufdruck auf dem Kassenzettel verstanden wird. Außerdem interessiert uns, ob unsere Zielgruppe das Prinzip des QR-Codes kennt. Neue Testläufe mit Stakeholdern werden uns zusätzlich zeigen, welche bestehenden Supermarkt-Kassensysteme es gibt und wie es möglich ist, Updates aufzuspielen und Zusatzinformationen auf einen Kassenzettel zu drucken.

Mit nur einigen Tagen Aufwand, Ausgaben von wenigen hundert Euro und nicht einmal einem Dutzend Befragungen haben wir es geschafft, die Bedürfnisse und Lebensumstände einer verhältnismäßig großen Zielgruppe zu erkennen und erste Produktideen direkt am Nutzer zu testen.

An dieser Stelle ist der Design-Thinking-Prozess erstmals durchlaufen. Spätestens jetzt kommt es zur ersten **Iterationsschleife (▶ Iteration)**. Von nun an werden die einzelnen Phasen beliebig oft wiederholt und das Produkt verfeinert. Dabei werden gerade in der Prototyping-Phase nach und nach professionelle Hersteller (Programmierer, Designer, Ingenieure usw.) herangezogen, um vom Rapid Prototype Schritt für Schritt zum marktreifen Endprodukt zu gelangen.

VERSTEHEN
UNTERSUCHEN
WHO?
QUOTE
INTERPRETATION
SYNTHESE

IDEENFINDUNG
PROTOTYPING
TESTEN

Bisher haben Sie die theoretischen Aspekte von Innovation kennengelernt, einen Einblick in die Voraussetzungen für erfolgreich angewandtes Design Thinking erhalten und unser Innovationsteam begleitet, die Ernährungsgewohnheiten von Senioren zu verbessern.
Nun liegt es an Ihnen, das Gelernte in der Praxis anzuwenden. Bitte denken Sie daran: Es ist noch kein Meister vom Himmel gefallen. Es ist völlig natürlich und verständlich, falls Sie sich an dieser Stelle fragen sollten, ob Sie tatsächlich bereit dazu sind, mit einem eigenen Innovationsprojekt zu starten. Sie sind es! Vertrauen Sie dem Prozess! Selbst wenn es an manchen Stellen offene Fragen gibt - machen Sie weiter und glauben Sie an Ihre Fähigkeiten. Im schlimmsten Fall dauert es ein wenig länger, aber nur durch praktische Übung werden Sie zum Meister.

Mithilfe dieses Kapitels sollten Sie für sich klären, was Sie mit dem erworbenen Wissen erreichen möchten und wie Sie die Moderationskarten für Ihr Projekt einsetzen können.

4 Eigenes Innovations-projekt

Wo stehe ich aktuell und was will ich?

Alle bisher besprochenen Theorien, Methoden oder Prinzipien sind wenig wert, solange Sie nicht wissen, was Sie mit deren Hilfe erreichen wollen. Wie bereits im Theorieteil gezeigt, ist Design Thinking ein holistischer Ansatz, der Prozess, Menschen und Räumlichkeiten vereint. Aufgrund der enormen Vielzahl von möglichen Vorgehensweisen kann man dabei schnell die Übersicht verlieren. Daher sollten Sie sich zunächst fragen, an welchem Punkt Sie aktuell stehen und was das Ziel Ihres Vorhabens ist.
Wenn Sie bereits in einem Unternehmen mit speziellen Produkten oder Dienstleistungen arbeiten, ist es sehr wahrscheinlich, dass Sie schon eine konkrete Idee haben, wozu die Anwendung von Design Thinking Ihnen nutzen soll. Abhängig von Ihrer persönlichen Problemstellung können Sie nun entscheiden, welche Prozessschritte Sie durchlaufen möchten. Nicht immer ist es notwendig oder möglich, sämtliche Schritte von Anfang bis Ende und in mehreren Iterationen zu bestreiten. Auch einzelne Methoden können in bestimmten Situationen ebenso zielführend sein wie das Durchlaufen des gesamten Prozesses.
Dabei kann es verlockend wirken, sich lediglich auf die lösungsorientierten Prozessschritte (Ideenfindung, Prototyping, Testen) zu beschränken. Dennoch gilt: Nur wer die Probleme seiner Zielgruppe tief greifend versteht und daraufhin fundierte Fragen stellt, kann wahrlich nutzerzentrierte Innovationen hervorbringen.

Der Design-Thinking-Ansatz sollte hierbei nicht als eine einmalige Übung verstanden werden, sondern als ein konstanter Begleiter, der Ihrer Organisation dabei hilft, flexibel zu bleiben und die Bedürfnisse Ihrer Kunden immer wieder in den Fokus zu rücken.
Die folgenden **Zielsetzungen** für die Anwendung einzelner Design-Thinking-Methoden sollen lediglich eine grobe Übersicht der Möglichkeiten aufzeigen. Es kann durchaus vorkommen, dass Sie sich für Ihre ganz persönliche Zielsetzung eine eigene abgewandelte Vorgehensweise ausdenken. Experimentieren Sie!

Nutzer kennenlernen & neue Märkte erschließen

Ist es Ihr Ziel, Einblicke in die Welt Ihrer bestehenden Nutzer zu gewinnen oder neue Nutzergruppen zu identifizieren? Dann ist es ratsam, dass Sie sich besonders mit den Methoden und Werkzeugen der **Untersuchen**- sowie der **Synthese**-Phase auseinandersetzen. Nutzen Sie die ▶ Stakeholder Map oder ▶ Extreme User Map, um sich einen Überblick über interessante Nutzergruppen zu verschaffen und treten Sie mit diesen in Kontakt. Um Empathie aufbauen zu können, bedarf es qualitativer Interviews (▶ Interview vorbereiten & ▶ Interview durchführen), damit Sie die Beschwerden und Probleme Ihrer Kunden identifizieren und die zugrunde liegenden Bedürfnisse herausfinden können. Ebenfalls lohnt sich das eigene Eintauchen in die Welt des Nutzers mithilfe der ▶ Immersion- oder ▶ Shadowing-Methode. Als Ergebnis sollten Sie in der Lage sein, eine konkrete ▶ Wie-können-wir-Frage zu formulieren. Diese Frage dient nun als Ausgangspunkt, um neue Handlungsfelder zu benennen, die später zu neuen Geschäftszweigen werden können.

Bestehendes verbessern

Auch für diese Zielsetzung müssen Sie mit potenziellen Nutzern in Kontakt treten. Im Fokus steht das Beobachten der Nutzer in Interaktion mit dem entsprechenden Produkt bzw. der entsprechenden Dienstleistung. Sie fangen daher mit der Testen-Phase an, finden heraus, welche Eigenschaften beim Nutzer gut ankommen und was als störend empfunden oder gar missverstanden wird. Je nach Ergebnis kehren Sie nun in eine vorangegangene Phase zurück oder machen direkt mit der Phase der Ideenfindung für ein verbessertes Produkt weiter. Besonders die Flucht- bzw. die SCAMPER-Methode (▶Brainstorming an bestehenden Produkten) sind in diesem Stadium sehr interessant, da sie auf bestehende Produkte und Dienstleistungen aufbauen. Nutzer kennenzulernen, spielt mithilfe von Interviews (▶Interview vorbereiten & ▶Interview durchführen), ▶Immersion oder ▶Shadowing ebenfalls eine zentrale Rolle, etwa wenn Sie Ihr Angebot auf neue Nutzergruppen ausweiten oder zugrunde liegende Kaufentscheidungen des Nutzers für ein spezielles Produkt bzw. eine spezielle Dienstleistung besser verstehen möchten.

Ideen testen

Haben Sie bereits konkrete Ideen, die Sie gerne testen möchten? Starten Sie mit der Prototyping-Phase und stellen Sie sich zunächst die Frage nach der ▶Critical Function. Nachdem Sie erste einfache Prototypen durch ▶Rollenspiele, ▶physische Modelle oder ▶digitale Modelle erstellt haben, folgt die Testen-Phase. Um Ihre Idee weiter zu verfeinern und die Bedürfnisse der Kunden zu befriedigen, werden Sie in den meisten Fällen zu einer der früheren Phase zurückkehren.

Neues Projekt starten

Wenn Sie ein neues Unternehmen gründen oder einen völlig neuen Geschäftszweig betreten möchten, ist es sinnvoll, den gesamten Design-Thinking-Prozess zu durchlaufen. Auch für interne Herausforderungen, beispielsweise für die Entwicklung eines neuen Recruiting-Prozesses, können die Methoden des Design Thinking genutzt werden.

Erfolgreich getestet, was nun?

In der Theorie ist Design Thinking ein fortlaufender Prozess, der durch ständige Iterationen, neue Ideen und kontinuierliche Verbesserung geprägt ist. Der in diesem Buch beschriebene Ansatz kommt jedoch zu einem Ende, sobald durch mehrfache Anläufe ein Produkt oder eine Dienstleistung entstanden ist, die vom Nutzer mit Freuden erwartet wird und seine zugrunde liegenden Probleme löst bzw. seine Bedürfnisse befriedigt.

Bei manchen Produkten können Sie bereits nach einigen erfolgreich getesteten Papier-Prototypen mit hoher Wahrscheinlichkeit davon ausgehen, dass das entsprechende Produkt wirklich die Probleme Ihrer Zielgruppe löst. Es kann aber auch vorkommen, dass Sie Ihr Produkt immer wieder verfeinern müssen, ehe Sie zu aussagekräftigen Ergebnissen kommen. Leider kann es passieren, dass sämtliche Versuche scheitern und Sie einen komplett neuen Weg gehen müssen.
Je nach Produkt, Branche, Zielgruppe und eigener Strategie können sich die Entwicklungsstufe und die Detailtiefe einzelner Produkte enorm voneinander unterscheiden. Sie alle haben jedoch etwas gemeinsam: Wurden sie erfolgreich getestet, benötigen Sie professionelle Dienstleister bzw. Hersteller. Selbstverständlich ist es von Vorteil, wenn Sie selbst intern über entsprechende Kompetenzen verfügen – z. B. über Programmierfähigkeiten für die Erstellung einer neuen Smartphone-App. Sollte das nicht der Fall sein, ist es nun an der Zeit, sich entsprechende Partner zu suchen, um den Prototyp zur Marktreife oder zumindest zur funktionsfähigen Beta-Version zu bringen.
Ebenfalls ist es möglich, dass der getestete Prototyp das gesamte Team auf ganz neue Erkenntnisse und Überlegungen bringt und der Prototyp gar nicht umgesetzt werden muss. Die erste Idee für eine Schneekanone entstand beispielsweise dadurch, dass die Beeinträchtigung von Flugzeugturbinen durch Eis getestet werden sollte.

Die möglichen Ausgänge eines Design-Thinking-Projekts sind quasi grenzenlos und erscheinen oftmals zufällig. Aber nur wer möglichst viele Wege ausprobiert, wird mit der Zeit in der Lage sein, über den eigenen Tellerrand hinauszuschauen.

Anwendung der Moderationskarten

Die Phasen im Design-Thinking-Prozess beinhalten einzelne Unterkategorien, die die wichtigsten Teilziele darstellen. Somit wird klar, dass beispielsweise die Prototyping-Phase nicht nur aus dem reinen Erstellen des Prototyps besteht, sondern vorab die Kernfunktion der Idee bzw. des Prototyps definiert werden muss.
Die vorliegenden Moderationskarten sind daher so aufgebaut, dass Sie nicht nur die entsprechende **Phase**, sondern auch das konkrete **Teilziel** erkennen können. Grundsätzlich gilt dabei: Sie sollten pro Unterkategorie (z. B. Empathie aufbauen) **mindestens eine Methode** (z. B. ▶Immersion) verwenden, um das Teilziel zu erreichen.

Während die meisten Teilziele durch Anwendung unterschiedlicher Methoden erreicht werden können, gibt es in der Synthese-Phase einige Methoden, die Sie unbedingt nutzen sollten, um die Bedürfnisse der Nutzer wirklich zu synthetisieren. Diese sind in der Übersicht auf Seite 126 hervorgehoben.

Wenn Sie sich darüber im Klaren sind, für welchen Zweck Sie Design Thinking anwenden und welche Methoden Sie einsetzen möchten, gehen Sie wie folgt vor: Breiten Sie die Moderationskarten der entsprechenden Phase vor sich aus und wählen Sie zu jedem der zwei bis drei Teilziele eine oder mehrere der Methode(n). Nutzen Sie die Zielbeschreibung in der oberen rechten Ecke der Karten-Rückseite, um zu verstehen, was Sie mit der entsprechenden Methode erreichen können. Anhand des Feldes „Weiter mit" erfahren Sie, welche Methode(n) Sie anschließend einsetzen sollten.

Sobald Sie eine gewisse Routine in der Ausübung der einzelnen Methoden gewonnen haben, können Sie die Methoden auch völlig frei und individuell anordnen und nach eigenem Ermessen nutzen. Wundern Sie sich nicht, wenn Sie auf den Moderationskarten nur einen Teil der im Buch beschriebenen Methoden finden. Wir haben uns auf die wesentlichsten Werkzeuge beschränkt, damit Sie als Leser einen bestmöglichen Überblick behalten können.

1

Verstehen

1.1 **Team zusammenführen**

Team-Check-in

1.2 **Problemstellung verstehen**

Semantische Analyse
Mindmap

2

Untersuchen

2.1 **Informationen sammeln**

Desk Research
Expertengespräch

2.2 **Stakeholder identifizieren**

Stakeholder Map
Extreme User Map

2.3 **Empathie aufbauen**

Interview vorbereiten
Interview durchführen
Shadowing
Immersion

3

Synthese

3.1 **Informationen auswerten**

Auspacken-Tabelle
Fields of Opportunities

3.2 **Informationen personalisieren**

Point of View
Persona

3.3 **Problem neu definieren**

Wie-können-wir-Frage

Übersicht Moderationskarten

4 Ideenfindung

4.1 Ideen generieren

Brainstorming
Brainstorming mit Perspektivenwechsel
Brainstorming mit Umfeldwechsel
Brainstorming an bestehenden Produkten

4.2 Ideen selektieren

2x2-Matrix
Dot-Voting

5 Prototyping

5.1 Kernfunktion definieren

Critical Function
Ideenserviette

5.2 Prototyp erstellen

Physisches Modell
Digitales Modell
Rollenspiel

6 Testen

6.1 Prototyp testen

Testszenario kreieren
Test durchführen

6.2 Testergebnisse auswerten

Feedback-Kreuz
Iteration

Checkliste

Bevor Sie nun zu Ihren eigenen innovativen Abenteuern aufbrechen, möchten wir Ihnen die Möglichkeit bieten, das bisher Gelernte noch einmal kurz und bündig Revue passieren zu lassen. Sollten Sie zu einer oder mehreren der folgenden Aussagen keine zufriedenstellende Antwort finden, können Sie einfach an die entsprechende Stelle zurückkehren.

- ☑ Sie können in eigenen Worten formulieren, zu welchem Zweck Sie Design Thinking anwenden möchten *(siehe Seiten 16 ff., 120 ff.).*
- ☑ Sie pflegen eine innovative Unternehmenskultur oder sind gerade dabei, eine solche zu implementieren *(siehe Seiten 20 f., 32 ff.).*
- ☑ Sie verfügen über ausreichend Platz und Materialien, um für das Innovationsteam eine angenehme und produktive Atmosphäre zu schaffen *(siehe Seiten 22 f., 36 f.).*
- ☑ Sie haben ausreichend zeitliche Kapazitäten, um sich dem Innovationsprozess zu widmen *(siehe Seiten 28 f.).*
- ☑ Sie verstehen den Zusammenhang von Prozessen, Menschen und Räumlichkeiten *(siehe Seiten 16 f.).*
- ☑ Sie kennen die Wichtigkeit der konsequenten Trennung von divergierendem und konvergierendem Denken *(siehe Seite 24).*
- ☑ Sie verstehen die Ziele der einzelnen Prozessschritte innerhalb des Design-Thinking-Prozesses *(siehe Seiten 18 f.).*
- ☑ Sie haben sich mithilfe der Moderationskarten eine Sammlung von passenden Werkzeugen zurechtgelegt, um die einzelnen Prozessziele zu erreichen *(Moderationskarten).*

Jetzt sind Sie dran!

Wir hoffen, Ihnen mit diesem Buch eine hautnahe und unterhaltsame Design-Thinking-Erfahrung geboten zu haben. Ebenfalls bedanken wir uns für Ihr Vertrauen und die Zeit, die Sie uns mit dem Lesen dieses Buches geschenkt haben. Sollten bei Ihnen noch Fragen offen sein, ist das kein Problem. Improvisieren Sie in diesem Fall einfach und vertrauen Sie auf Ihr Bauchgefühl. Wir bewegen uns im kreativen Bereich, in dem es im Gegensatz zu anderen Bereichen selten ein „Richtig" oder „Falsch" gibt. Sollten Sie dennoch tiefer gehende Fragen zum Prozess oder zur Implementierung in Ihr eigenes Unternehmen haben, zögern Sie bitte nicht, uns zu kontaktieren. Sie finden uns auf LinkedIn und wir geben uns größte Mühe, auf sämtliche Anfragen zu reagieren.

Wir wünschen Ihnen gutes Gelingen!

Conrad Glitza,
Rosa-Sophie Hamburger und
Michael Metzger

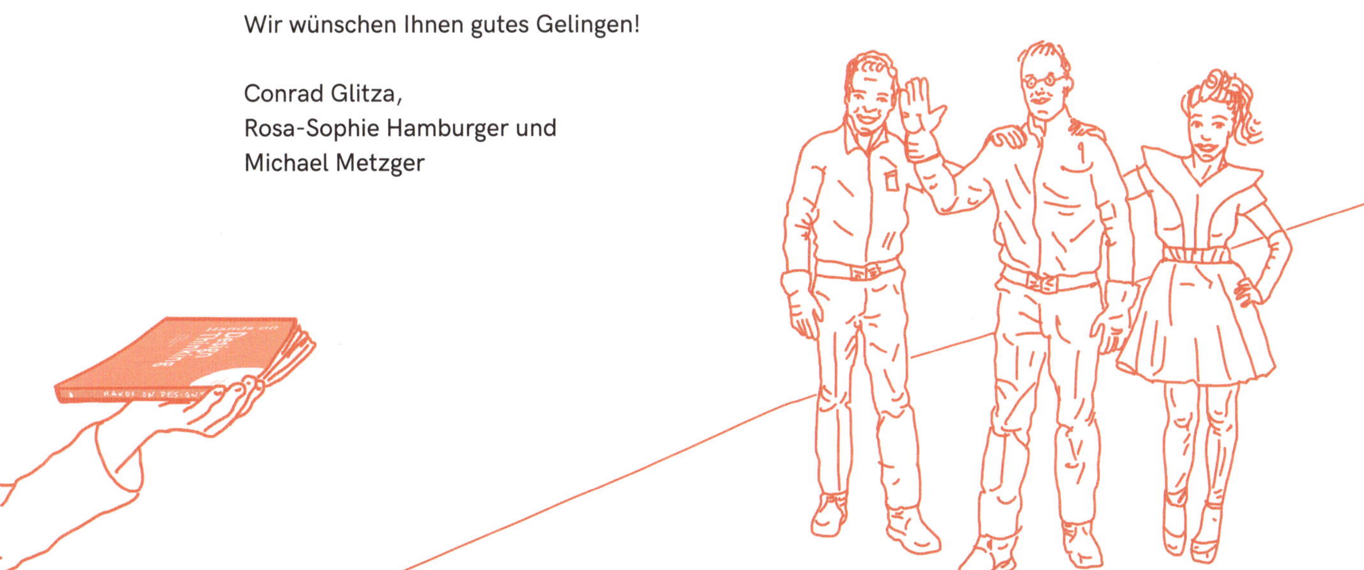

Quellen und weiterführende Literatur

Beobachten

Observing the User Experience – Elizabeth Goodman, Mike Kuniavsky, Andrea Moed
Einfache und gut verständliche Grundlagen zum Thema „Beobachtungen von Nutzern"

Ideenfindung

How to Get Ideas – Jack Foster
Gutes Werk zur Theorie über das Finden von Ideen

Thinkertoys – Michael Michalko
Konkrete Vorschläge und gute Sammlung von Techniken, unter Anderem das „Book of the Death" und die „DaVinci Methode"

50 Brainstorming Methods – Robert Curedale
Umfangreiche Sammlung, knapp und auf den Punkt

Prototyping

Paper Prototyping – Carolyn Snyder
Zeitlose Anleitung zur Gestaltung von User Interfaces

Visual Tools – Markus Wortmann
Wie jeder Wirtschaftler zeichnen lernt

Raum

Space for Creative Thinking – Christine Kohlert, Scott Cooper
Gute Einführung in das Thema „kreative Räume"

Make Space – Scott Doorley, Scott Witthoft
Tolle Inspirationen und Beispiele, sehr praxisnah

Tool-Sammlungen

Denkwerkzeuge der Kreativität und Innovation – Florian Rustler
Eine tolle Methodensammlung für kreatives Denken und Innovationsprozesse

Universal Methods of Design – Bella Martin, Bruce Hanington
Methodensammlung für Fortgeschrittene

Das Design Thinking Toolbook – Michael Lewrick, Patrick Link, Larry Leifer
Das Buch basiert auf einer der größten Umfragen zum Design Thinking: Experten stellen ihre Lieblingstools vor

Innovation

The Lean Startup – Eric Ries
Pflichtlektüre für agiles Unternehmertum

The Circle of Innovation – Tom Peters
Zeitloser Klassiker zum Thema „Innovation"

The Innovators Dilemma – Clayton Christensen, Stephan von den Eichen, Kurt Matzler
Die Ineffizienz der Innovation und wie man damit umzugehen hat

Das Design Thinking Playbook – Michael Lewrick, Patrick Link, Larry Leifer
Das international erfolgreiche Standardwerk zum Design Thinking

[1] https://hpi.de/school-of-design-thinking/design-thinking/mindset.html
[2] https://rework.withgoogle.com/blog/five-keys-to-a-successful-google-team
[3] http://www.innovacion.cl/wp-content/uploads/2013/05/Accenture-Why-Low-Risk-Innovation-Costly.pdf

Über die Autoren

Conrad Glitza ist selbstständiger Innovationsberater und Unternehmer. Nach dem Bachelor in Kommunikationswissenschaften in Berlin und dem Master in Entrepreneurship an der Universität Liechtenstein beschäftigte er sich am Hasso-Plattner-Institut in Potsdam mit dem Thema „Design Thinking" und gründete ein Handelsunternehmen für medizinische Hörgeräte. Conrad liebt ungewöhnliche Fragestellungen und die Erkundung neuer Themengebiete.

Rosa-Sophie Hamburger ist selbstständige Experience Designerin mit einem Hintergrund im Bereich der Psychologie sowie des Interfacedesigns. Neben ihrer Tätigkeit als Knowledge Management Consultant und Digitalstrategin gestaltet Rosa Coachings zum Thema „Design Thinking". In ihren Arbeiten verbindet sich die Leidenschaft zur Gestaltung mit aktuellen Erkenntnissen verhaltenspsychologischer Forschung.

Michael Metzger arbeitet freiberuflich in den Bereichen Innovation, Kommunikation und Storytelling und ist Co-Founder des Formats „Redesign Democracy". Michael hat ein Zertifikat in Design Thinking am Hasso-Plattner-Institut erworben sowie ein journalistisches Volontariat absolviert. Sein akademischer Hintergrund liegt in den Bereichen Kulturanthropologie, Soziologie und Politikwissenschaften.

Index

Verstehen

1.1 Team zusammenführen

Team-Check-in

1.2 Problemstellung verstehen

Semantische Analyse
Mindmap

Untersuchen

2.1 Informationen sammeln

Desk Research
Expertengespräch

2.2 Stakeholder identifizieren

Stakeholder Map
Extreme User Map

2.3 Empathie aufbauen

Interview vorbereiten
Interview durchführen
Shadowing
Immersion

Synthese

3.1 Informationen auswerten

Auspacken-Tabelle
Fields of Opportunities

3.2 Informationen personalisieren

Point of View
Persona

3.3 Problem neu definieren

Wie-können-wir-Frage

Übersicht Moderationskarten

Ideenfindung

4.1 Ideen generieren

Brainstorming
Brainstorming mit Perspektivenwechsel
Brainstorming mit Umfeldwechsel
Brainstorming an bestehenden Produkten

4.2 Ideen selektieren

2x2-Matrix
Dot-Voting

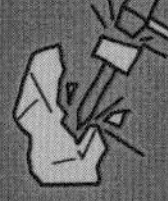

Prototyping

5.1 Kernfunktion definieren

Critical Function
Ideenserviette

5.2 Prototyp erstellen

Physisches Modell
Digitales Modell
Rollenspiel

Testen

6.1 Prototyp testen

Testszenario kreieren
Test durchführen

6.2 Testergebnisse auswerten

Feedback-Kreuz
Iteration

Team-Check-in

Worum geht's?

Das Team-Check-in ermöglicht allen Teammitgliedern, gemeinsam in einen neuen Projekttag oder eine neue Arbeitsphase zu starten. Zu Beginn beschreiben alle Teammitglieder im Uhrzeigersinn kurz ihre **Stärken** und **Schwächen**, ihr **aktuelles Energie-Level** und ihre **Erwartung**, um sich zu synchronisieren. So wird das Gruppengefühl gestärkt und zudem Empathie innerhalb des Teams aufgebaut. Anschließend wird über die Agenda des Tages gesprochen. Es können Rollen verteilt, Teilziele definiert und offene Fragen notiert werden. Das Team-Check-in sollte zu Beginn eines jeden Tages durchgeführt werden.

Ziel

Mentale **Synchronisation** des Teams

Steps

1 **Vorbereiten**

Jedes Teammitglied erhält fünf Post-its.

Lassen Sie jedes Teammitglied in Stillarbeit je ein Post-it mit **Name**, **Stärke**, **Schwäche**, **Energie-Level** (Skala eins bis zehn) und **Erwartung** (kurzes Schlagwort) beschriften. Es können zusätzlich auch emotionale sowie physische Belange oder rein organisatorische Details („Ich muss früher weg, weil mein Kind krank zu Hause ist.") geäußert werden.

2 **Austauschen**

Reihum **präsentieren** die Teammitglieder ihre Post-its und sortieren sie tabellenförmig an ein Whiteboard.

Wenn es die Situation erfordert, wird auf die einzelnen Belange näher eingegangen.

3 **Organisieren**

Schreiben Sie anschließend die **Teilziele** des Tages an ein Whiteboard und besprechen Sie, wie diese erreicht werden sollen.

Wenn es erwünscht ist, können Sie abstimmen, welches Teammitglied den **Prozess** moderiert oder sich um die **Einhaltung des Mikro-Timings** kümmert.

- Whiteboard
- Board-Marker
- Post-its
- Stifte

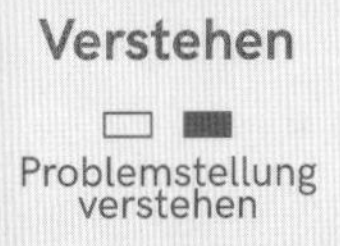

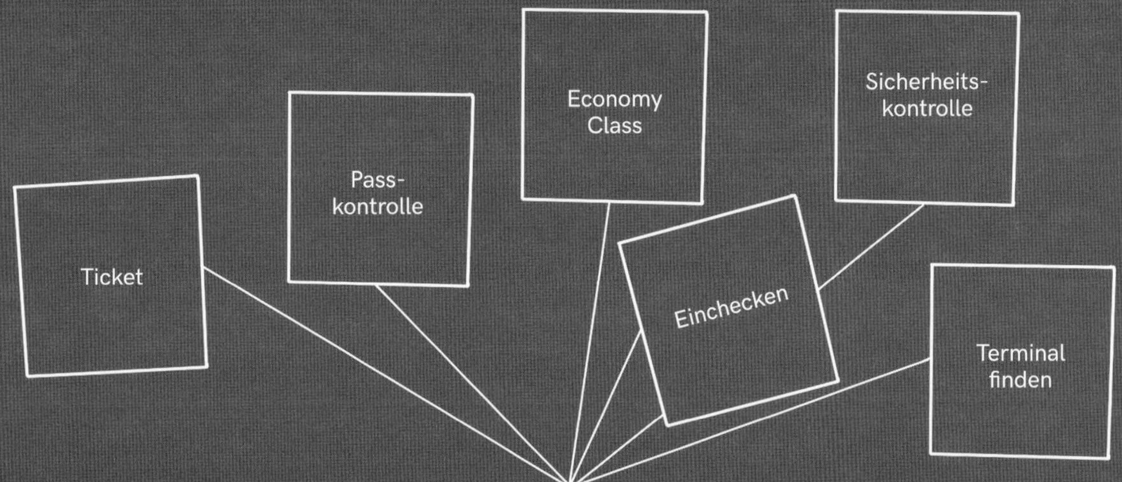

WIE KANN MAN DEN ONBOARDING-PROZESS AN FLUGHÄFEN VERBESSERN?

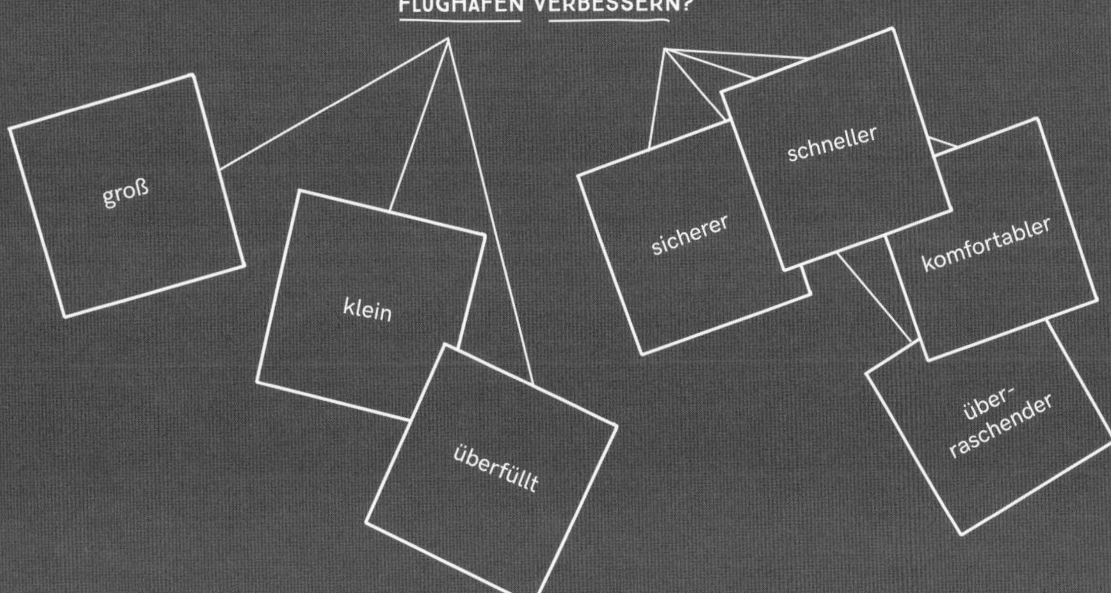

Semantische Analyse

Worum geht's?

Die semantische Analyse hilft dem Team, eine gegebene Problemstellung aus **verschiedenen Blickwinkeln** zu betrachten, um sie besser verstehen zu können. Wort für Wort wird sie analysiert und diskutiert. Die wesentlichen Wörter werden dabei wie Container geöffnet, um mögliche Bedeutungen und Interpretationen offenzulegen. So erarbeitet sich das Team schrittweise ein gemeinsames **Verständnis** der Problemstellung.

Ziel

Gemeinsames **Verständnis** über die Bedeutung der Problemstellung

Steps

1 **Vorbereiten**

Schreiben Sie die Problemstellung in großen Buchstaben auf ein Whiteboard.

Entscheiden Sie sich für **Schlüsselwörter**. Unterstreichen Sie diese mit unterschiedlichen Farben und zeichnen Sie an jedes unterstrichene Wort einen Strahl, der davon wegführt.

2 **Durchführen**

Stellen Sie sich zu jedem unterstrichenen Wort folgende Fragen:
Was bedeutet das?
Was beinhaltet das?
Was kann damit noch gemeint sein?

Wann immer einem Teammitglied eine **Assoziation** einfällt, schreibt es das jeweilige Schlagwort auf ein Post-it und heftet es an den zugehörigen Strahl.

Diskutieren Sie alle Schlagwort-Assoziationen und stellen Sie sicher, dass das gesamte Team die einzelnen **Facetten** der Problemstellung versteht.

- Whiteboard
- Board-Marker
- Post-its
- Stifte

Weiter mit
Mindmap/Desk Research/
Expertengespräch

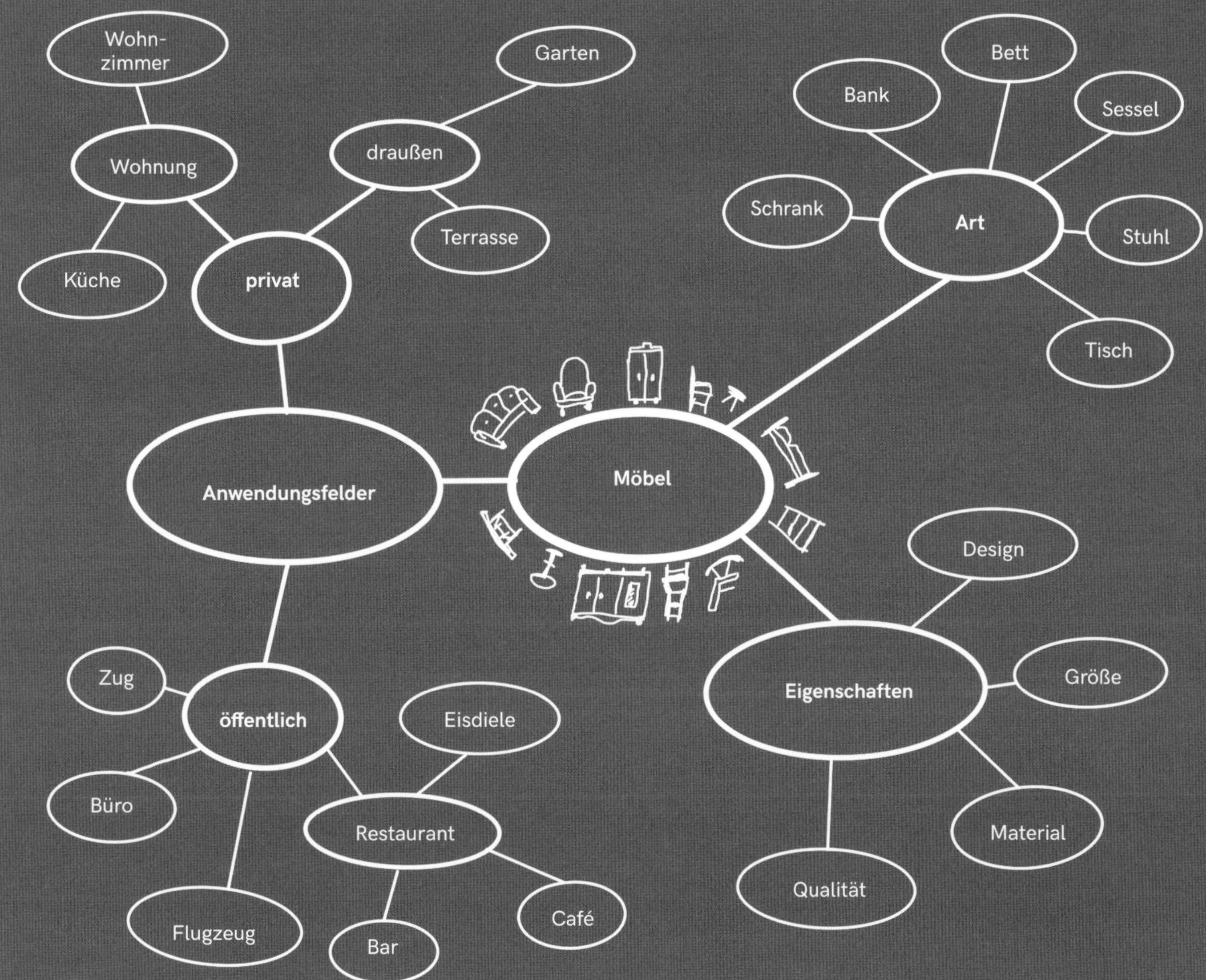
Möbel
Anwendungsfelder
privat
Wohnung
Wohn-
zimmer
Küche
draußen
Garten
Terrasse
öffentlich
Zug
Büro
Flugzeug
Restaurant
Eisdiele
Bar
Café
Art
Bank
Bett
Sessel
Schrank
Stuhl
Tisch
Eigenschaften
Design
Größe
Material
Qualität

Mindmap

Worum geht's?

Eine Mindmap soll eine Problemstellung weiter öffnen und in möglichst **vielen Facetten** darstellen. Es soll erkannt werden, welche **Themenbereiche** von der Problemstellung betroffen sind und wie diese **zusammengehören**. Die gewonnenen Informationen bieten den ersten Ausgangspunkt zur Erkundung relevanter Themenfelder.

Ziel

Übersicht über betroffene Themenbereiche

Steps

1 **Sammeln**

Jedes Teammitglied nimmt sich ausreichend Post-its und schreibt für fünf Minuten alles auf, was ihm zu dem gegebenen Thema einfällt. Verwenden Sie **Stichwörter**.

Versuchen Sie, darauf zu achten, möglichst **viele Aspekte** abzudecken und nutzen Sie gegebenenfalls die Informationen, die Sie während der semantischen Analyse sammeln konnten.

Heften Sie alle Post-its auf ein Whiteboard und diskutieren Sie im Team, welche Schlagworte als **Cluster** zusammengefasst werden können.

2 **Sortieren**

Beschriften Sie einzelne Cluster mit einer Überschrift.

Ordnen Sie die verbleibenden Post-its so an, dass sie in einer **Beziehung** zu den Überschriften stehen.

- Whiteboard
- Board-Marker
- Post-its
- Stifte

Weiter mit

Semantische Analyse/Desk Research/Expertengespräch

Untersuchen

Informationen sammeln

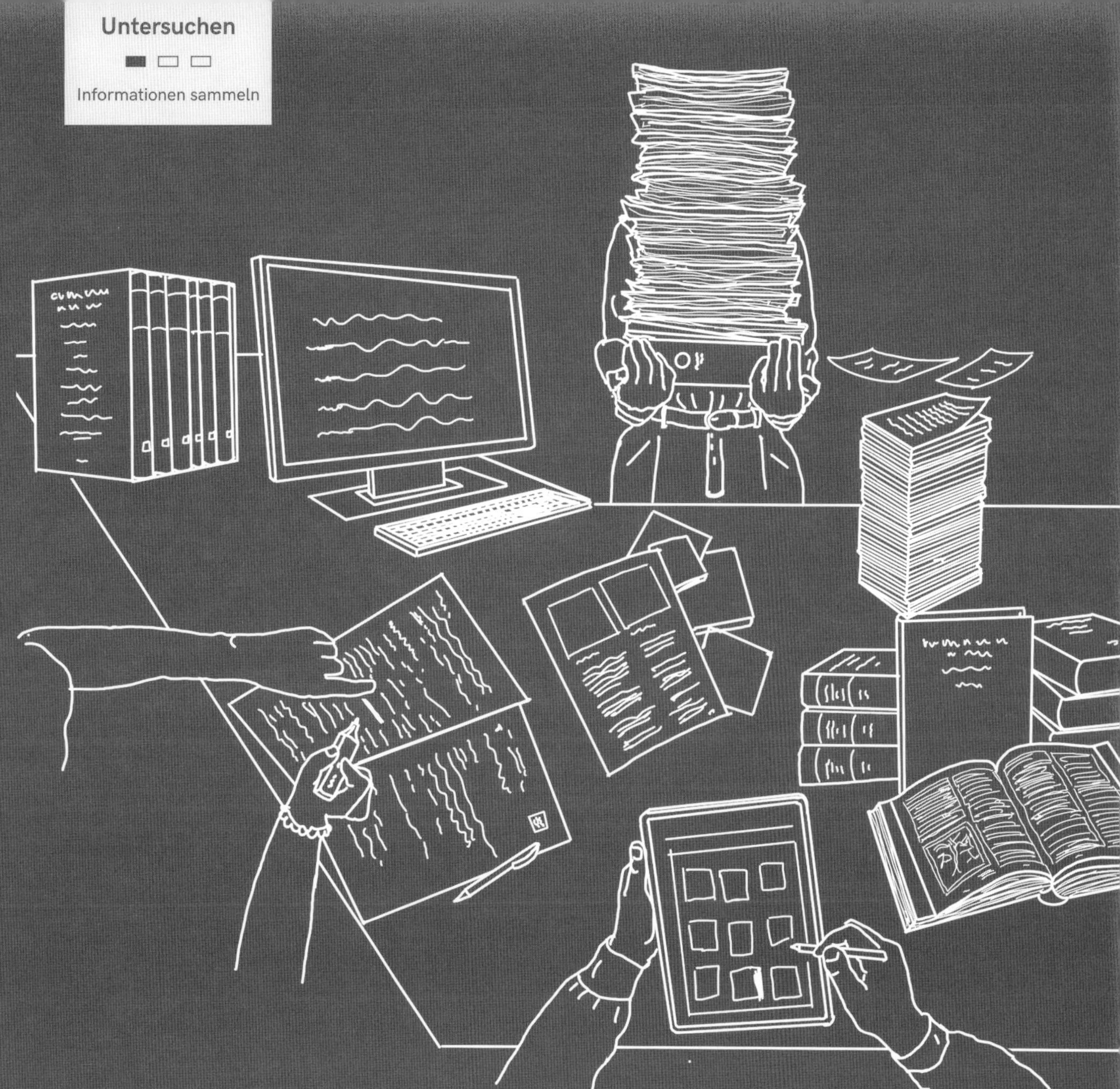

Desk Research

Worum geht's?

Unter „Desk Research" fallen sämtliche **Nachforschungen**, für die das Innovationsteam nicht das Haus verlassen muss. Primär geht es darum, binnen kurzer Zeit möglichst viel **Wissen** über ein Themengebiet anzuhäufen und dieses mit dem Team zu **teilen**. Neben der Recherche in Suchmaschinen können wissenschaftlich relevante Paper, Video-Tutorials und Enzyklopädien eine Vielzahl von wertvollen Informationen bieten. Bei der Desk Research sollte sich das Team aufteilen. Teil-Recherchen können von einzelnen Teammitgliedern eigenständig durchgeführt und vor den anderen Mitgliedern in Kurzpräsentationen zusammengefasst werden.

Ziel

Inhaltlicher **Überblick** über das Thema

Steps

1 Sammeln

Nachdem Ihr Team in der Verstehen-Phase erste Eindrücke über das Thema gewonnen hat, bilden Sie nun kleine Gruppen, die zu unterschiedlichen **Schwerpunkten** Recherchearbeit betreiben.

Suchen Sie zu jedem Thema zunächst oberflächlich (z. B. über Google oder Wikipedia).

Anschließend tauchen Sie mithilfe von Datenbanken für wissenschaftliche Arbeiten (z. B. sciencedirect.com) oder Onlineportalen für Statistiken (z. B. statista.de) tiefer in die Materie ein.

2 Teilen

Notieren Sie innerhalb der Kleingruppe die **wichtigen** Ergebnisse.

Stellen Sie anschließend Ihre Ergebnisse im gesamten Team vor. Ziel ist ein **gemeinsames Verständnis** über das Thema.

- Schreibblock
- Stifte
- Computer
- Zugang zu Datenbanken

Weiter mit

Expertengespräch/Extreme User Map/
Stakeholder Map

Expertengespräch

Worum geht's?

Experten zu einem Thema zu befragen, bietet sich stets an, um ein Themengebiet möglichst gut zu verstehen. Im Gegensatz zur Desk Research haben Sie hierbei den Vorteil, dass Sie dem Experten **gezielt Fragen stellen** können. Nutzen Sie dies und machen Sie möglichst viele Telefonate mit den Experten aus oder verabreden sich zum Kaffee. Die Qualität der Aussagen von Experten ist für ein Innovationsteam meist um ein Vielfaches wertvoller als die reine Recherche am Computer.

Ziel

Konkrete **Antworten** auf bisher offene Fragen

Steps

1 **Identifizieren**

Identifizieren Sie anhand der Ergebnisse aus dem Mindmapping und der Desk Research **vielversprechende Themenfelder**, zu denen Sie sich spezifischere Informationen wünschen.

Suchen Sie online oder durch Ihr bestehendes Netzwerk nach passenden Experten zum gegebenen Thema. Erarbeiten Sie sich eine Argumentationslinie, warum es für den Experten sinnvoll sein kann, Ihnen eine Auskunft zu geben. Die meisten Experten sprechen gerne über ihr Thema und finden es gut, wenn sich eine externe Person dafür interessiert. Es kann allerdings passieren, dass der Experte nach einem Honorar verlangt, sobald er merkt, dass Sie die Aussagen gegebenenfalls nutzen wollen, um eigenen wirtschaftlichen Gewinn zu erzielen.

2 **Vorbereiten und Durchführen**

Vereinbaren Sie einen Termin für ein persönliches oder telefonisches Interview.

Diskutieren Sie im Team, zu welchen Fragen Sie **Informationen** vom Experten erhalten möchten bzw. welche **Zusammenhänge** Ihnen noch unklar sind. Notieren Sie diese Fragen als Leitfaden für das Expertengespräch.

Führen Sie die Unterhaltung im Stil eines Interviews. Die Karten ▶ Interview vorbereiten und ▶ Interview durchführen können Ihnen hierbei helfen.

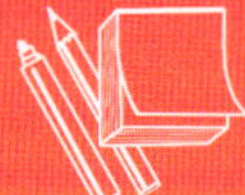

- Notizblock
- Stifte
- Aufnahmegerät (Smartphone)
- Telefon

Weiter mit

Desk Research/Extreme User Map/Stakeholder Map

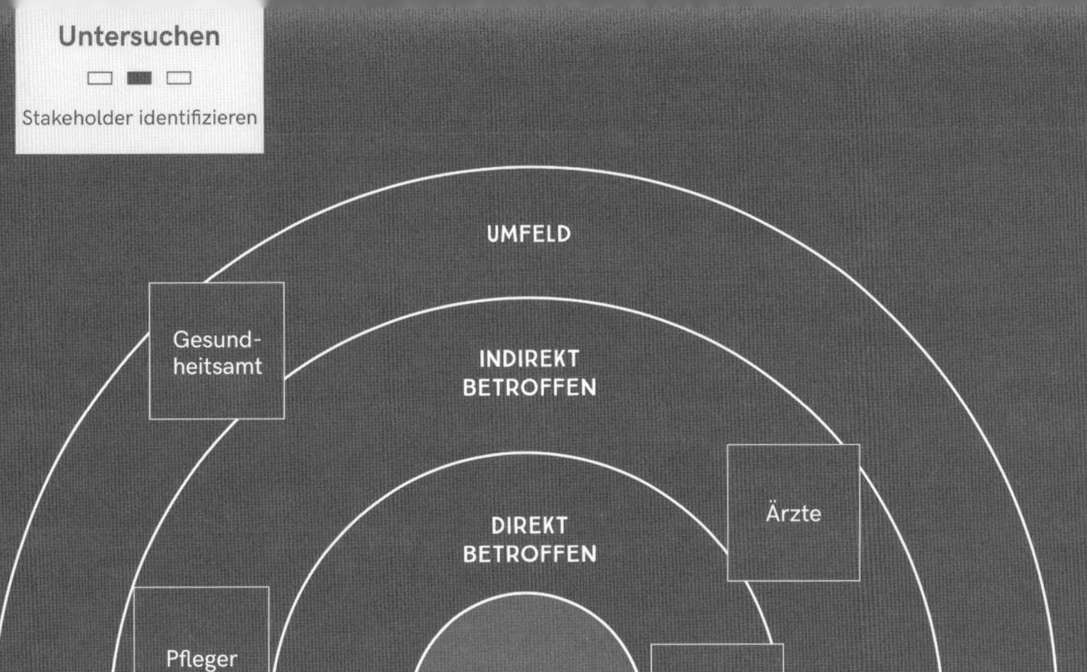

Stakeholder Map

Worum geht's?

Wer ist eigentlich die **Zielgruppe**, für die Sie ein Problem lösen und eine Innovation generieren wollen? Um das herauszufinden, können Sie mit der Erstellung einer Stakeholder Map beginnen. Die Stakeholder (Teilhaber) sind Personen, die in irgendeiner Form mit dem Projekt oder der Thematik **in Verbindung stehen**. Mithilfe dieser Übersicht werden sie kartiert und sortiert, damit Sie anschließend entscheiden können, wo Ihr **Fokus** liegen soll.

Ziel

Übersicht über betroffene Personen(-gruppen)

Steps

1 **Sammeln**

Schreiben Sie ähnlich zur ▶ Mindmap ein **Schlüsselwort** (z. B. Krankheit) in die Mitte des Whiteboards.

Notieren Sie beliebig viele Stakeholder für das Schlüsselwort auf je ein Post-it.

Sortieren Sie die Stakeholder um das Schlüsselwort herum. Je **stärker** sie vom Thema betroffen sind, desto **näher** werden sie an das Schlüsselwort geheftet. Unterteilen Sie die Kategorien „direkt betroffen" (z. B. Senioren, Ärzte), „indirekt betroffen" (z. B. Apotheker, Angehörige) und „Umwelt" (z. B. Ärztekammer, Arbeitgeber der Patienten, Gesundheitsamt). Stakeholder, die gewisse **Gemeinsamkeiten** aufweisen, werden **gruppiert**.

2 **Auswerten**

Zeichnen Sie **Verbindungslinien** von jeder Stakeholder-Gruppe zum zentralen **Schlagwort**. Versuchen Sie, auf weiteren Post-its die **Abhängigkeitsverhältnisse** zu definieren („Arzt *behandelt* Patient", „Ärztekammer *berät* Apotheker" etc.).

Stimmen Sie im Team ab, mit welchem der Stakeholder Sie auf welche Weise unmittelbaren **Kontakt** herstellen möchten (drei Stimmen pro Teammitglied, Abstimmung per Klebepunkt). Hierzu stehen Ihnen unter anderem das qualitative Interview (▶ Interview vorbereiten und ▶ Interview durchführen), das ▶ Shadowing oder die ▶ Immersion zur Verfügung.

- Whiteboard
- Board-Marker
- Post-its
- Stifte

Weiter mit
Extreme User Map/Interview/Shadowing/Immersion

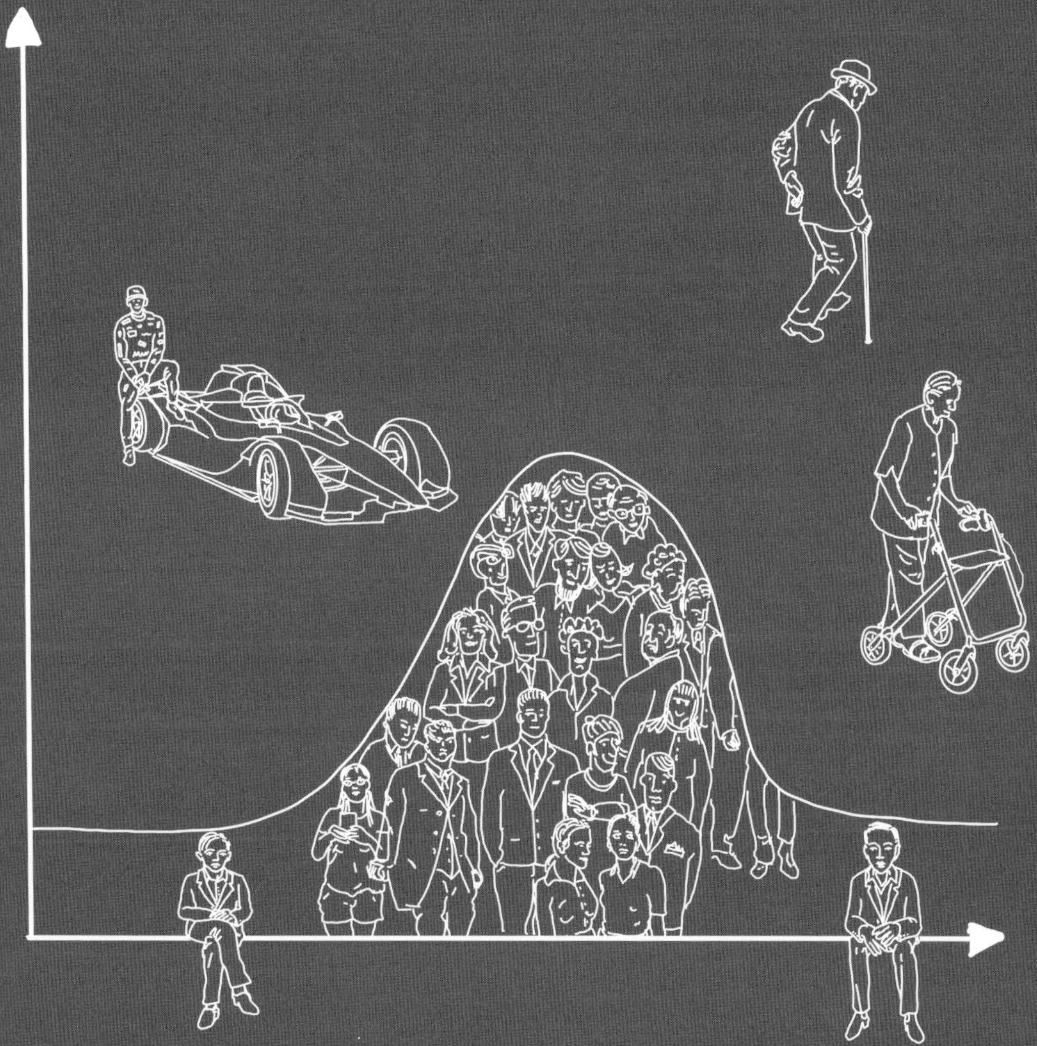

Extreme User Map

Worum geht's?

Die Extreme User Map dient zur **Identifizierung** besonderer **Nutzergruppen**. Neben dem Stakeholder Mapping lohnt es sich zudem, nach bestimmten Nutzern Ausschau zu halten, die auf den ersten Blick oftmals übersehen werden. Extremnutzer sind mit einem bestimmten Aspekt eines Themas entweder sehr stark in Kontakt oder haben überhaupt keinen Bezug dazu bzw. positionieren sich konsequent dagegen. Nutzer, die einen solch extremen Bezug zu einem Thema haben, bieten oftmals hervorragende **Inspiration** und sind meist emotional **stärker involviert** (positiv wie negativ) als durchschnittliche Nutzer. Schaffen Sie es, zu diesen Extremnutzern Empathie aufzubauen, bekommen Sie meistens sehr wertvolle Einblicke in Ihr Thema, aus denen Sie auch Rückschlüsse auf andere Personen ziehen können.

Ziel

Übersicht über besondere (extreme) Nutzergruppen

Steps

1 Definieren

Definieren Sie, welcher **konkrete Aspekt** Ihres Themas untersucht werden soll. Arbeiten Sie beispielsweise am Thema „Straßenverkehr", könnte ein Aspekt wie „Unfall" oder „Warten" interessant sein.

Zeichnen Sie eine Gaußsche Glockenkurve auf ein Whiteboard.

Betiteln Sie die Spitze der Kurve als „normaler Nutzer", die linke Seite als „hohe Interaktion" und die rechte Seite als „geringe Interaktion".

2 Sammeln

Sammeln Sie nun **Nutzergruppen**, die mit dem ausgewählten Aspekt sehr stark oder überhaupt nicht in Kontakt stehen und sortieren Sie sie entsprechend entlang der Kurve.

Beispiel: Welche Personengruppe hat ein extremes Verhältnis zu Unfällen (Sanitäter, Formel-1-Fahrer)? Oder: Wer wartet besonders häufig irgendwo (Pendler, Taxifahrer)? Wer muss fast niemals warten?

Stimmen Sie über die spannendsten Extremnutzer ab (drei Stimmen pro Teammitglied, Abstimmung per Klebepunkt). Diese können in späteren Schritten als Informations- oder Inspirationsquelle dienen.

- Whiteboard
- Board-Marker
- Post-its
- Stifte
- Klebepunkte

Weiter mit

Interview vorbereiten/Interview durchführen/ Shadowing/Immersion

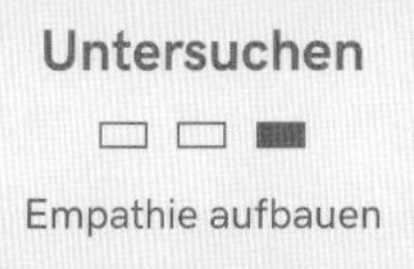

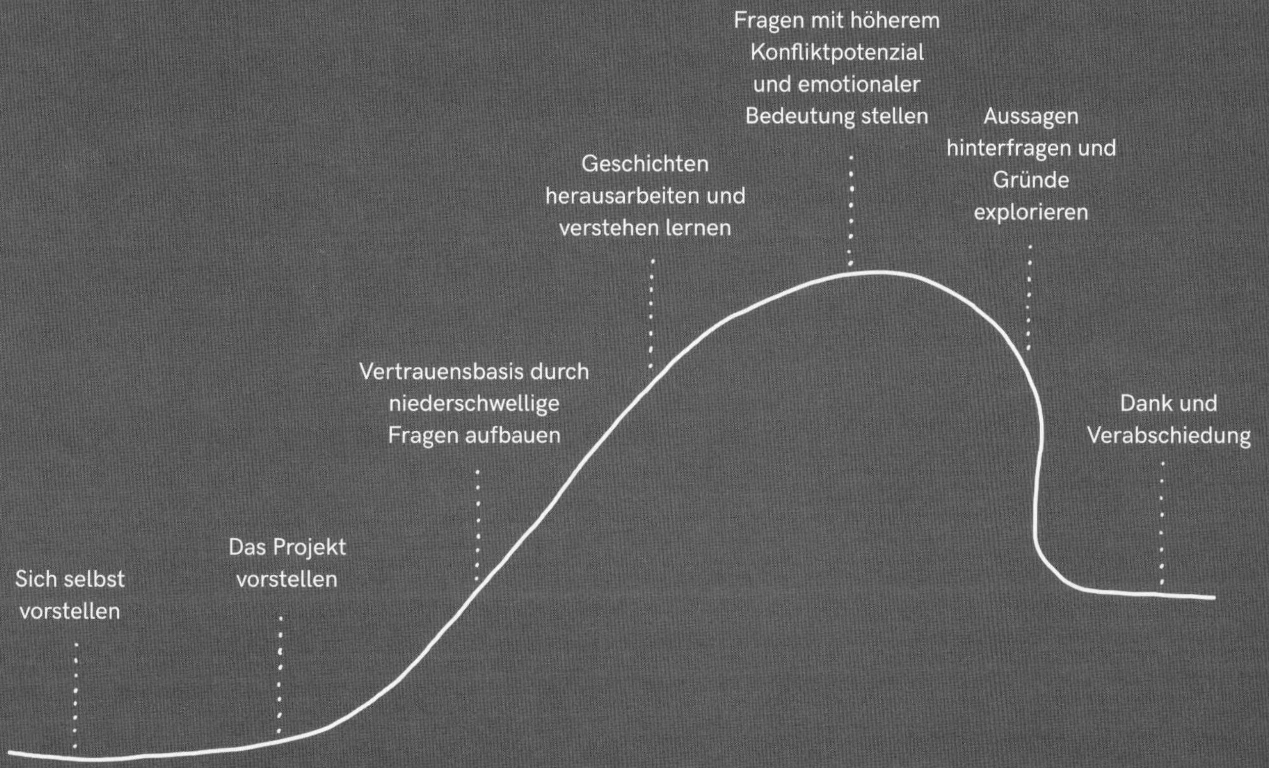

Fragen mit höherem Konfliktpotenzial und emotionaler Bedeutung stellen

Aussagen hinterfragen und Gründe explorieren

Geschichten herausarbeiten und verstehen lernen

Vertrauensbasis durch niederschwellige Fragen aufbauen

Dank und Verabschiedung

Das Projekt vorstellen

Sich selbst vorstellen

Interview vorbereiten

Worum geht's?

Das Interview ist eine Form des direkten Kontakts mit der Zielgruppe. Es ermöglicht, die **Gedanken**, **Emotionen** und **Motivation** einer Person kennenzulernen. Durch Interviews können wir wertvolle **Insights** in die **Lebenswelten** unserer Nutzer erhalten. Daher ist es wichtig, sie gut vorzubereiten, um einen möglichst tiefen Einblick zu erhalten.

Ziel

Fundierte **Planung** des anstehenden Interviews

Steps

1 **Identifizieren**

Identifizieren Sie eine Zielgruppe (beispielsweise mithilfe einer ▶ Stakeholder Map). Zusätzlich bieten Gespräche mit Extremnutzern interessante Erkenntnisse.

Um ein umfangreiches Bild zu erhalten, sollten Sie mit mindestens **fünf bis zehn** unterschiedlichen Personen der Zielgruppe sprechen. Erstellen Sie einen **Interviewleitfaden**. Hierzu sammeln Sie im Team zunächst wichtige Fragen auf Post-its. Anschließend sortieren Sie die Fragen am Whiteboard nach möglichem **Konfliktgehalt**: Unproblematische Fragen („Was für ein Auto besitzen Sie?") ordnen Sie weiter links an, Fragen mit hohem Konfliktwert („Wann hatten Sie Ihren letzten Autounfall und was hat dazu geführt?") weiter nach rechts. Reduzieren Sie Redundanzen (doppelte oder sehr ähnliche Fragen).

2 **Gespräch vorbereiten**

Von links nach rechts gelesen, stellt das Whiteboard einen **Zeitstrahl** dar. Am Anfang des Interviews geht es darum, eine entspannte Gesprächsgrundlage zu etablieren. Je konfliktbeladener die Frage, desto später im Interview sollte sie gestellt werden, weil das Risiko eines Interviewabbruchs steigt. Gut geführte Interviews verlaufen wie ein **Spannungsbogen**. Bauen Sie zunächst Vertrauen auf und stellen Sie einfache Fragen, um daraufhin immer weiter in die Tiefe zu gehen und schlussendlich das Interview ausklingen zu lassen.

3 **Organisieren**

Sollten Sie vorab keinen Termin für das Interview vereinbart haben, stellen Sie sich die Frage, wo sich Ihre Zielgruppe häufig aufhält. Wann ist sie dort anzutreffen? Wählen Sie beispielsweise einen Ort, an dem Ihre potenziellen Interviewpartner etwas Zeit haben, wie etwa beim Warten an einem Bahnsteig. Tipp: Wenn Sie Menschen zu Hause besuchen, verläuft das Interview meist entspannter und Sie können Eindrücke aus dem persönlichen Umfeld der Zielgruppe einsammeln.

Verteilen Sie in Ihrem Team **Rollen**: Eine Person führt das Interview, eine zweite Person macht Notizen.

- Whiteboard
- Board-Marker
- Post-its
- Stifte

Weiter mit
Interview durchführen

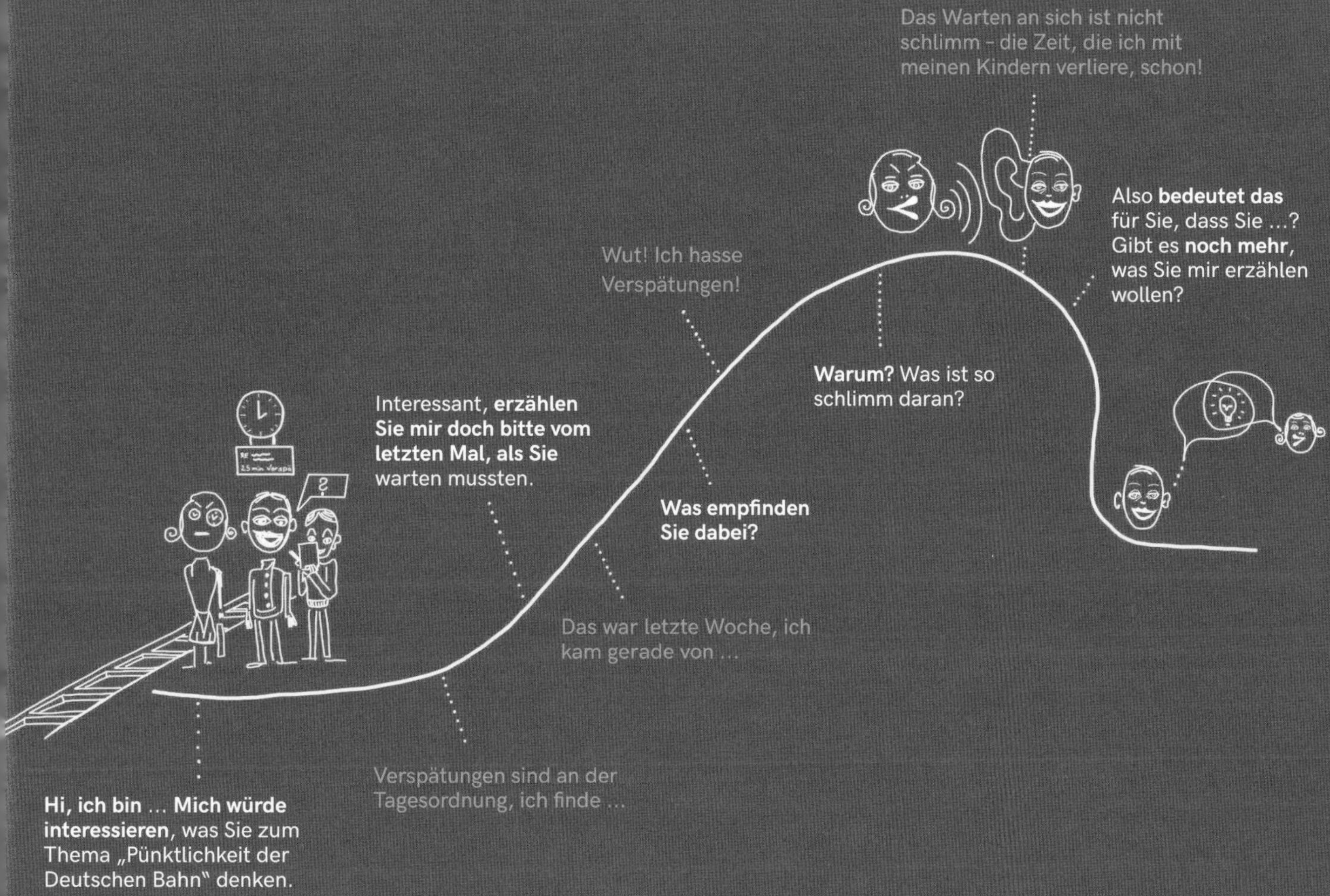

Das Warten an sich ist nicht schlimm – die Zeit, die ich mit meinen Kindern verliere, schon!

Also **bedeutet das** für Sie, dass Sie …? Gibt es **noch mehr**, was Sie mir erzählen wollen?

Wut! Ich hasse Verspätungen!

Warum? Was ist so schlimm daran?

Interessant, **erzählen Sie mir doch bitte vom letzten Mal, als Sie** warten mussten.

Was empfinden Sie dabei?

Das war letzte Woche, ich kam gerade von …

Verspätungen sind an der Tagesordnung, ich finde …

Hi, ich bin … Mich würde interessieren, was Sie zum Thema „Pünktlichkeit der Deutschen Bahn" denken.

Interview durchführen

Worum geht's?

Das Interview ist eine der elementaren Methoden im Design Thinking, da es ermöglicht, die **Gedanken**, **Emotionen** und **Motivation** einer Person kennenzulernen. Wir wollen die **Bedürfnisse** unseres Gegenübers **verstehen** lernen und Themen identifizieren, die für diese Person einen Mehrwert bieten können.

Ziel

Verständnis über die Bedürfnisse des Interviewpartners

Steps

1 **Einsteigen**

Stellen Sie sich höflich vor und besprechen Sie Ihre **Intention**.

Ihr Gegenüber soll sich **wohlfühlen**, denn nur dann werden Sie ehrliche und detaillierte Antworten erhalten. Das Interview sollte ein Gespräch sein, kein Verhör.

2 **Tiefe Einblicke sichern**

Stellen Sie **offene Fragen**, um dem Nutzer Meinungen und emotionale Erlebnisse zu entlocken anstelle von kurzen Ja-Nein-Antworten. Vermeiden Sie Suggestivfragen.

Ziel ist es, Empathie aufzubauen. Fragen Sie nach dem „**Warum?**", um Hintergründe einer Aussage zu verstehen.

Der Interviewte steht im Vordergrund. Ihr eigener Redeanteil sollte daher **nicht mehr als 20 Prozent der Sprechzeit** einnehmen.

Nachdem das offizielle Interview abgeschlossen ist, fällt meist die Anspannung des Gegenübers. Nutzen Sie diesen Moment für ein „Interview nach dem Interview", um Antworten auf einer **persönlicheren Ebene** zu erhalten.

3 **Protokollieren**

Die protokollierende Person sollte die Notizen hauptsächlich in Form von **Zitaten** mitschreiben, damit sie in späteren Phasen direkt genutzt werden können. Mit Einverständnis des Interviewpartners können Sie das Interview gegebenenfalls auch aufzeichnen.

- Post-its
- Stifte
- Notizblock
- Aufnahmegerät

Weiter mit
Shadowing/Immersion/Auspacken-Tabelle

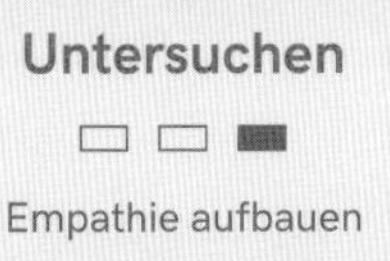

Shadowing

Worum geht's?

Im Shadowing (beschatten) **begleiten** Sie einen Vertreter Ihrer Zielgruppe. Diese Methode kommt zum Einsatz, wenn Sie hautnah erfahren möchten, was in der Erlebniswelt eines Nutzers über einen gewissen Zeitraum hinweg passiert. Das Shadowing lässt Sie zum **Beobachter** werden und zeigt Ihnen somit, wie der **Alltag** eines Nutzers aussieht.
Es ist eine hervorragende Ergänzung, wenn Sie bereits mit Nutzern gesprochen haben und nun tiefer in die Erlebniswelt des Nutzers eintauchen möchten.

Ziel

Verständnis über konkrete Situation des Nutzers

Steps

1 Vorbereiten

Prüfen Sie, ob Sie für das Shadowing Ihrer Zielgruppe eine Erlaubnis brauchen, etwa wenn Sie bei einem Fernfahrer von Hamburg nach München mitfahren wollen, um zu erleben, wie LKW-Fahrer mit Geschwindigkeitsbegrenzungen umgehen. Ebenfalls können Sie anstelle von einer konkreten Person (z. B. ein bestimmter Lastwagenfahrer) auch eine Vielzahl von Nutzern (z. B. mehrere Lastwagenfahrer an einer Raststelle) beobachten.

Erstellen Sie eine Liste mit **Hypothesen** über die bevorstehende Beobachtung: Was wird passieren? Wen werden Sie treffen und wie wird sich der Nutzer verhalten?

2 Beobachten

Beobachten Sie genau, was der Vertreter Ihrer Zielgruppe tut. Notieren Sie insbesondere **Details**, wenn diese für Sie **widersprüchlich** erscheinen oder wenn in Situationen positive oder negative **Emotionen** geäußert werden. Übertragen Sie die Erkenntnisse auf Post-its.

Schreiben Sie die Hypothesen auf große Post-its und sortieren Sie die dokumentierten Erkenntnisse dazu. Was verlief **unerwartet**? Was war genau **vorhersehbar**? Sowohl bestätigte als auch widerlegte Hypothesen können wertvolle Informationen enthalten und werden in der Synthese-Phase mit dem Team geteilt.

- Post-its
- Stifte
- Notizblock
- Aufnahmegerät
- Kamera

Weiter mit
Interview/Immersion/Auspacken-Tabelle

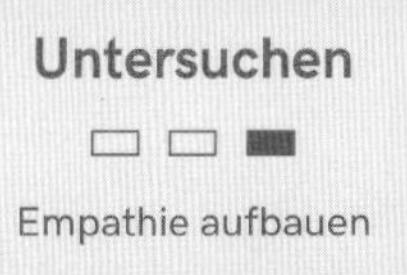

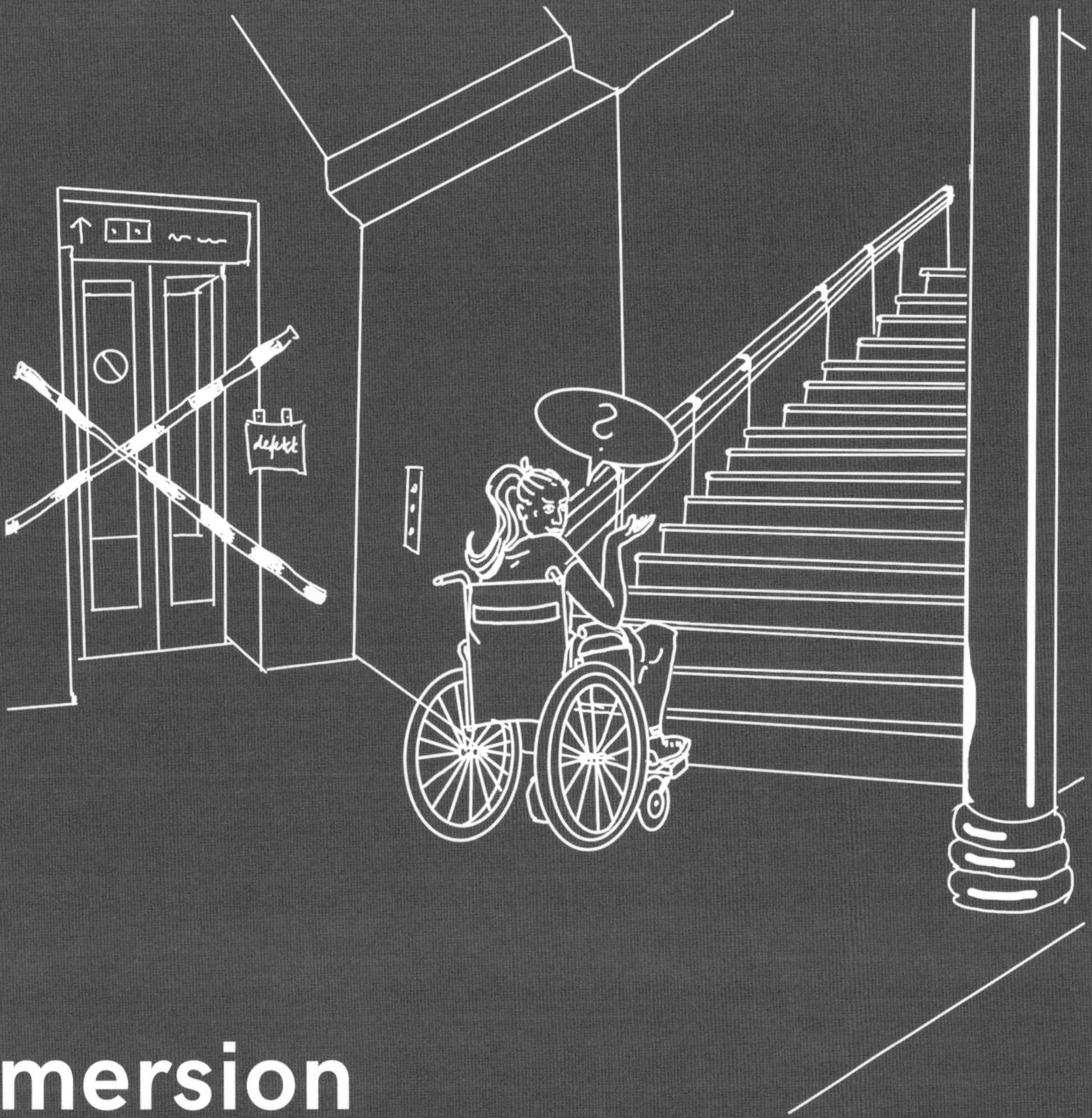

Immersion

Worum geht's?

In einer Immersion (vertiefen, eintauchen) begeben Sie sich selbst in die **Erlebniswelt** des Nutzers. Ziel ist es, eine bestimmte, für den Nutzer relevante Situation mit den eigenen **Sinnen** zu erleben, um somit Empathie und Verständnis aufzubauen. Die Immersion findet oft ergänzend zu einem Interview statt, um erfragte Informationen aus erster Hand nachvollziehen zu können.

Ziel

Verständnis über Erlebniswelt des Nutzers

Steps

1 **Vorbereiten**

Nutzen Sie die bisher gesammelten Informationen, um zu entscheiden, in welche Situation aus der **Welt** des Nutzers Sie eintauchen möchten. Sie wollen wissen, wie ein Rollstuhlfahrer die Welt erlebt? Leihen Sie sich selbst einen Rollstuhl aus und erleben Sie am eigenen Körper, mit welchen Situationen (positiv und negativ) Sie während des Alltags konfrontiert werden.

Erstellen Sie eine Liste mit **Hypothesen** über die bevorstehenden Erfahrungen.

2 **Beobachten**

Notieren Sie **spannende**, **widersprüchliche** oder **emotionale Ereignisse** während des Beobachtens auf Post-its. Wie verhalten sich die Nutzer? Mit welchen Situationen werden diese konfrontiert?

3 **Nachbereiten**

Gleichen Sie im Team die Ergebnisse mit Ihren Erwartungen ab und notieren Sie sie auf Post-its neben den Hypothesen. Sowohl bestätigte als auch widerlegte Hypothesen können wertvolle Informationen enthalten und werden in der Synthese-Phase mit dem Team geteilt.

Führen Sie gegebenenfalls ein ergänzendes Interview, um die Nutzer mit den eigenen Erlebnissen zu konfrontieren.

- Post-its
- Stifte
- Notizblock
- Aufnahmegerät

Weiter mit
Interview/Shadowing/Auspacken-Tabelle

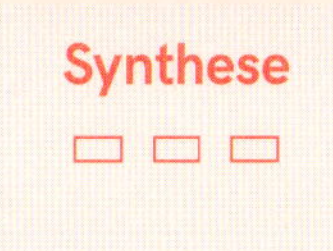

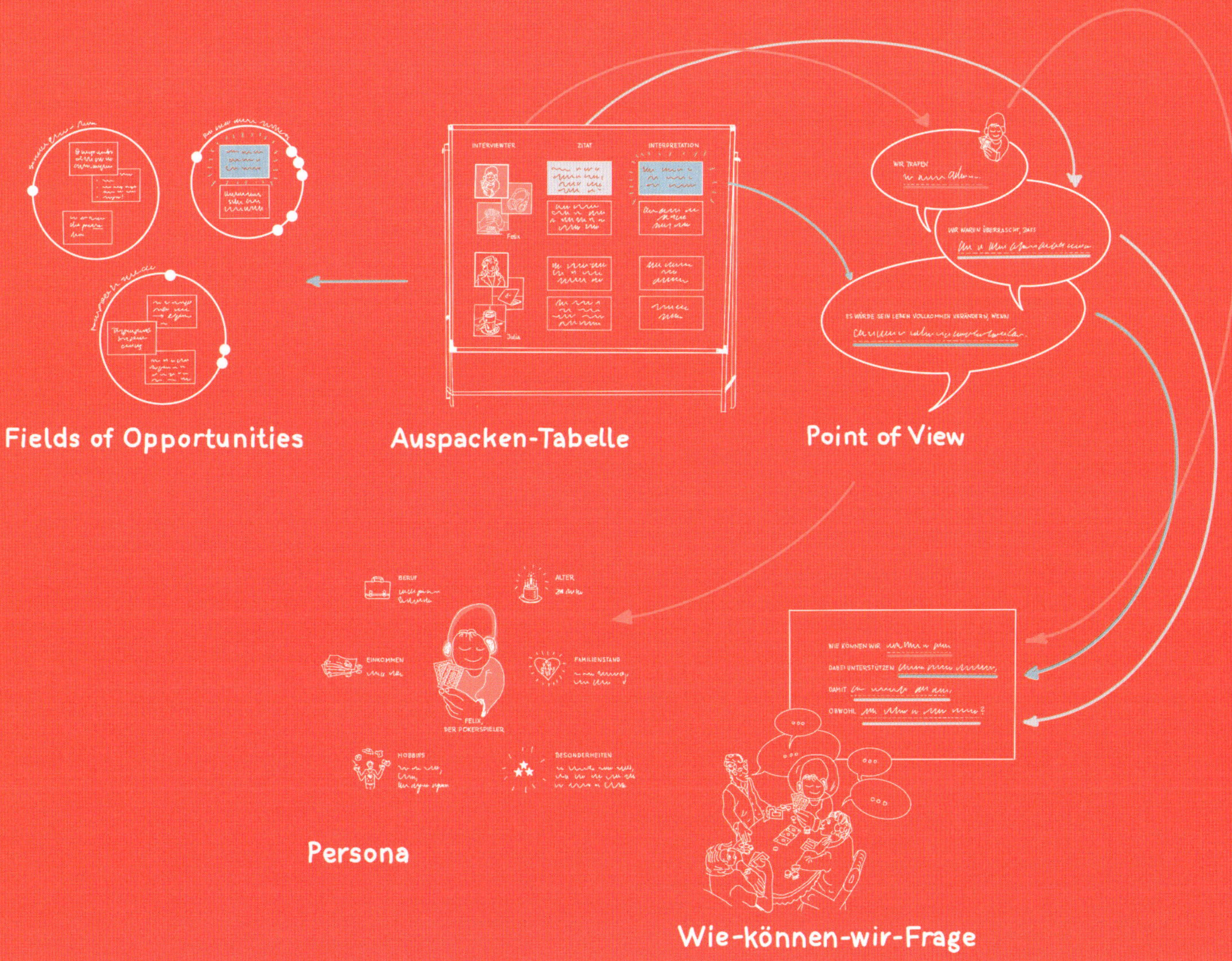

Fields of Opportunities

Auspacken-Tabelle

Point of View

Persona

Wie-können-wir-Frage

Die Synthese im Überblick

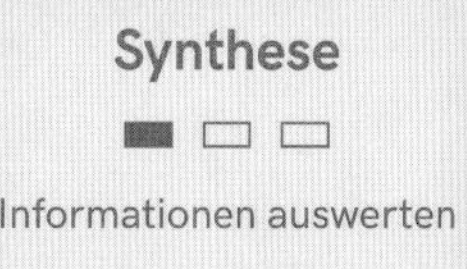

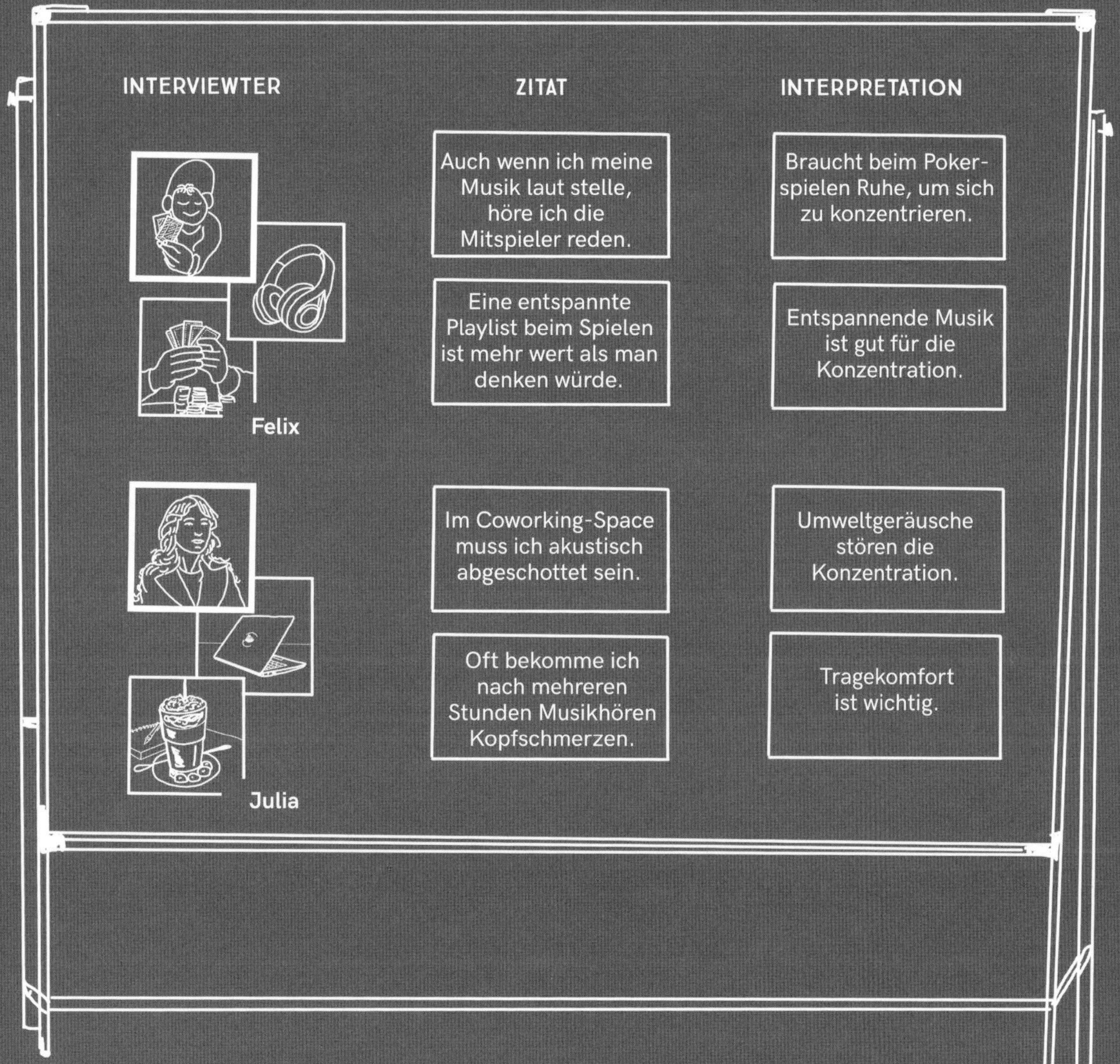

INTERVIEWTER	ZITAT	INTERPRETATION
Felix	Auch wenn ich meine Musik laut stelle, höre ich die Mitspieler reden.	Braucht beim Pokerspielen Ruhe, um sich zu konzentrieren.
	Eine entspannte Playlist beim Spielen ist mehr wert als man denken würde.	Entspannende Musik ist gut für die Konzentration.
Julia	Im Coworking-Space muss ich akustisch abgeschottet sein.	Umweltgeräusche stören die Konzentration.
	Oft bekomme ich nach mehreren Stunden Musikhören Kopfschmerzen.	Tragekomfort ist wichtig.

Auspacken-Tabelle

Worum geht's?

Im „Auspacken" **teilen** sich die Teammitglieder gegenseitig **mit**, was sie jeweils während der Recherche **herausgefunden** haben. Oft tut sich eine Zielgruppe schwer, selbst die eigenen Bedürfnisse explizit zu formulieren. Dafür ist Ihr Innovationsteam da! Nachdem das Team auf den gleichen Wissensstand gebracht wurde, versuchen Sie anhand von **Interpretationen** herauszufinden, welche **Bedürfnisse** sich hinter den **Aussagen** aus der Untersuchen-Phase verbergen.

Ziel

Gemeinsamer Wissensschatz über Untersuchen-Phase/**Interpretation** der Fundstücke

Steps

1 **Vorbereiten**

Zeichnen Sie die Auspacken-Tabelle an ein Whiteboard. Die **ersten beiden** Spalten werden durch die Rubriken **„Person"** (von der die Information stammt) und **„Zitat/ Information"** gebildet. In der **dritten** Spalte werden später die **Interpretationen** der Zitate/Informationen gesammelt.

2 **Berichten**

Jede Person, die Empathie zu einem Nutzer aufgebaut hat (▶ Interview, ▶ Shadowing, ▶ Immersion), wird zum Berichterstatter. Waren mehrere Personen beteiligt, wird derjenige zum Berichterstatter, der Notizen gemacht hat.

Der Berichterstatter erzählt von seiner Recherche. Dabei teilt er nur diejenigen Informationen mit, die er als **emotional, überraschend** oder **widersprüchlich** empfunden hat. Hat ein Interviewpartner eine Information selbst gegeben, wird diese in Form eines Ich-Zitates aufgeschrieben. Wenn wir den Pokerspieler Felix interviewt haben, sieht die Information folgendermaßen aus: „Auch wenn ich meine Musik laut stelle, höre ich die Mitspieler reden", anstelle von „Felix hört seine Mitspieler reden, auch wenn er seine Musik auf laut stellt".

Alle anderen Teammitglieder schreiben die für sie relevanten Informationen auf Post-its mit. So werden die Informationen ein weiteres Mal nach Wichtigem und Unwichtigem **gefiltert**. Doppelungen werden entfernt.

3 **Interpretieren**

Zeile für Zeile werden die Aussagen **interpretiert** und in der **dritten Spalte** der Auspacken-Tabelle festgehalten. Was hat der Nutzer mit seiner Aussage gemeint? Sind Sie mit einer Interpretation unsicher, wird sie als Frage formuliert („Braucht er womöglich viel Ruhe beim Pokerspielen?"). Ein Zitat kann mehr als eine Interpretation erhalten.

- Whiteboard
- Board-Marker
- Post-its
- Stifte

Weiter mit
Fields of Opportunities/Point of View

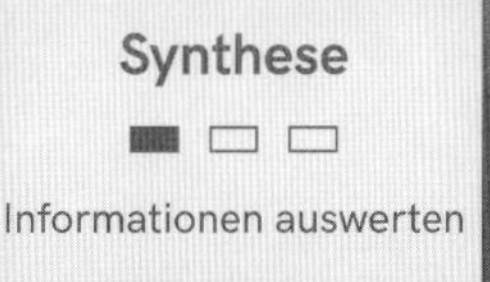

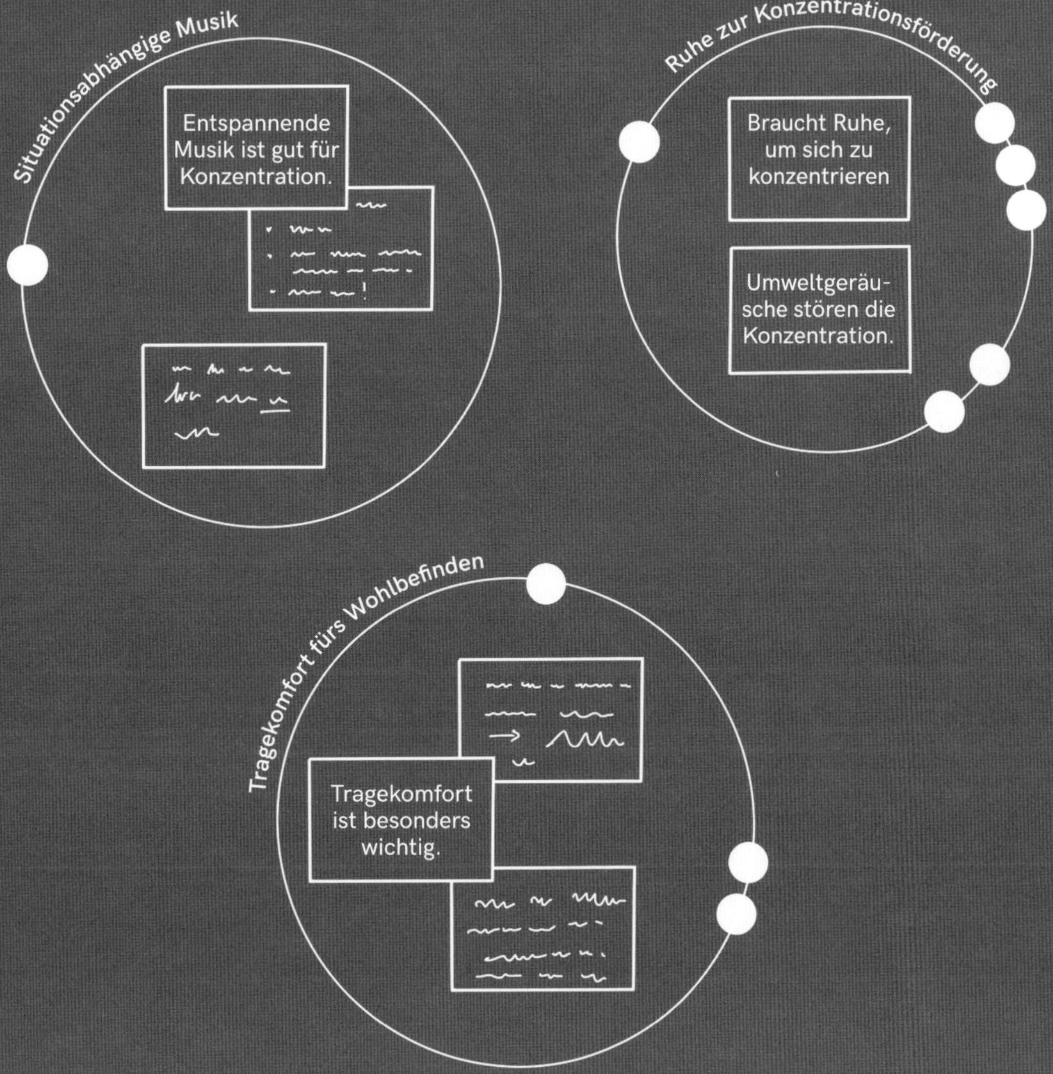

Situationsabhängige Musik

Entspannende Musik ist gut für Konzentration.

Ruhe zur Konzentrationsförderung

Braucht Ruhe, um sich zu konzentrieren

Umweltgeräusche stören die Konzentration.

Tragekomfort fürs Wohlbefinden

Tragekomfort ist besonders wichtig.

Fields of Opportunities

Worum geht's?

Bei einer zu großen Auswahl an Zitaten und Interpretationen fällt es oft schwer, sich zu **fokussieren**. Die Fields of Opportunities (Möglichkeitsfelder) stellen ein Werkzeug dar, um zusammengehörige **Interpretationen** zu **bündeln** und dadurch mögliche Richtungen zur Lösung aufzuzeigen. Diese Methode kann angewandt werden, um herauszufinden, welche Möglichkeitsfelder besonders großes **Potenzial** bieten, da sie in vielen Zitaten Erwähnung finden.

Ziel

Übersicht über **Möglichkeitsfelder**

Steps

Breiten Sie sämtliche Interpretations-Post-its aus der dritten Spalte der ▶ Auspacken-Tabelle vor sich aus.

Sortieren Sie gemeinsam die einzelnen Post-its zu **Gruppen**.

Geben Sie jeder der Kategorien einen entsprechenden **Titel**.

Nutzen Sie das ▶ Dot-Voting, um zu entscheiden, mit welchem Möglichkeitsfeld Sie in Zukunft weiterarbeiten möchten. Kriterien, wie „Anzahl an Nennungen" oder „außergewöhnliche bzw. emotionale Interpretationen", können für die Abstimmung hilfreich sein.

- Whiteboard
- Board-Marker
- Post-its
- Stifte
- Klebepunkte

Weiter mit
Point of View

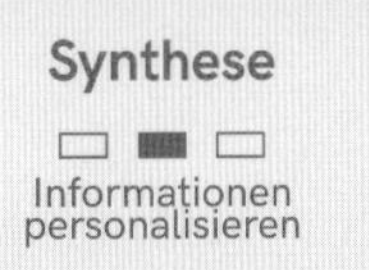

WIR TRAFEN

den Pokerspieler Felix.

WIR WAREN ÜBERRASCHT, DASS

Felix trotz Kopfhörer seine Mitspieler reden hört.

ES WÜRDE SEIN LEBEN VOLLKOMMEN VERÄNDERN, WENN

Felix am Pokertisch störende Geräusche ausblenden könnte.

Point of View

Worum geht's?

Im Point of View (Standpunkt) formulieren Sie mögliche Probleme und Herausforderungen (gegebenenfalls innerhalb des gewählten Möglichkeitsfeldes) aus der **subjektiven Sicht** eines konkreten Nutzers. Der Point of View leitet sich aus einem **Nutzer**, seiner **Aussage** (Zitat/Information) und dessen **Interpretation** ab, die bereits in der Auspacken-Tabelle erstellt wurden.

Ziel

Problem des Nutzers **aufzeigen** und **Lösungsrichtung** formulieren

Steps

1 **Vorbereiten**

Erstellen Sie einen Lückentext am Whiteboard: „**Wir trafen … Wir waren überrascht, dass … Es würde sein/ihr Leben vollkommen verändern, wenn …**".

Entscheiden Sie sich im Team für die **wichtigste Interpretation** aus der ▶ Auspacken-Tabelle und wählen Sie den dazugehörigen Nutzer und seine Aussagen.

2 **Ausfüllen**

Die erste Lücke füllen Sie nun mit dem **Namen** des Nutzers (erste Spalte der Auspacken-Tabelle), zu welchem diese Interpretation getroffen wurde.
„Wir trafen den Pokerspieler Felix."

In die zweite Lücke schreiben Sie die wichtigste **Aussage** (Zitat/Information aus der zweiten Spalte der Auspacken-Tabelle, z. B. *„Auch wenn ich meine Musik laut stelle, höre ich die Mitspieler reden."*).
„Wir waren überrascht, dass Felix trotz Kopfhörer seine Mitspieler reden hört."

Die dritte Lücke leitet sich aus der **Interpretation** der Aussage ab (dritte Spalte der Auspacken-Tabelle). Hier wird die Interpretation des Zitats (z. B. *„Braucht beim Pokerspielen Ruhe, um sich zu konzentrieren."*) in eine **lösungsorientierte Botschaft** umformuliert.
„Es würde sein Leben vollkommen verändern, wenn Felix am Pokertisch störende Geräusche ausblenden könnte."

3 **Beachten**

Achten Sie darauf, **keine direkte Lösung** vorzugeben. Sie sollen das **interpretierte Ziel** (*störende Geräusche ausblenden*) im Blick haben und sich dabei genügend Spielraum für unterschiedliche Lösungen (wie z. B. eine Geräuschunterdrückung der Kopfhörer, aber auch spezielle Meditationstechniken für höheren Fokus) offen halten.

- Zu konkret: *„Es würde sein Leben vollkommen verändern, wenn Felix' Kopfhörer mit einer Geräuschunterdrückung ausgestattet wären."*
- Nicht konkret genug: *„Es würde sein Leben vollkommen verändern, wenn sich Felix besser konzentrieren könnte."*

Es kann sinnvoll sein, diesen Vorgang mit mehreren Interpretationen unterschiedlicher Nutzer zu wiederholen, um eine breitere Übersicht über mögliche Lösungsrichtungen zu erhalten.

- Whiteboard
- Board-Marker
- Post-its
- Stifte

Weiter mit
Persona/Wie-können-wir-Frage

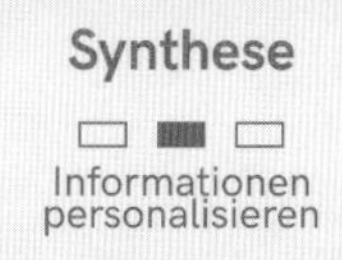

BERUF

professioneller Pokerspieler

ALTER

27 Jahre

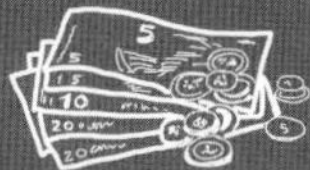

EINKOMMEN

variiert stark

FELIX, DER POKERSPIELER

FAMILIENSTAND

in einer Beziehung, keine Kinder

HOBBYS

Freunde treffen,
Reisen,
Badminton spielen

BESONDERHEITEN

hat Kopfhörer immer dabei,
Preis spielt keine große Rolle im Vergleich zur Qualität

Persona

Worum geht's?

Der Kerngedanke einer Persona ist das vereinfachte **Zusammenführen** von **Informationen** über eine **Person** oder über eine Personengruppe. Sie kann zusätzlich zum Point of View erstellt werden, damit sich das Innovationsteam noch besser in den entsprechenden Nutzer **hineinversetzen** kann. Die einfachste Form einer Persona beschränkt sich auf den **Namen**, das **Geschlecht**, das **Alter** und den **Beruf** des Nutzers in Kombination mit den wichtigsten Problemen oder Bedürfnissen. Außerdem können beispielsweise Hobbys, Einkommen, Beziehungsstatus und Präferenzen hinzugefügt werden. Wenn Sie bereits Erfahrung im Erstellen von Personas haben, können Sie die Informationen von mehreren Nutzern auch zu einer einzigen Persona zusammenführen. Achten Sie in diesem Fall darauf, dass nur Informationen verwendet werden, die tatsächlich auf einen Großteil der zusammengefassten Personen zurückzuführen sind.

Ziel

Vereinfachte **Darstellung eines Nutzers** oder einer Nutzergruppe mit Bedürfnissen

Steps

Einigen Sie sich im Team auf die **Eigenschaften** des Nutzers, die Sie beschreiben möchten, und schreiben Sie diese auf ein Whiteboard.

Nutzen Sie zum Ergänzen der Informationen den **Wissensschatz** aus der Untersuchen-Phase sowie der ▶ Auspacken-Tabelle und dem ▶ Point of View.

Fügen Sie ein **Foto** oder eine Zeichnung des Nutzers hinzu.

Falls Kontaktinformationen vorhanden sind, sollten diese ebenfalls notiert werden.

- Whiteboard
- Board-Marker
- Post-its
- Stifte
- Drucker

Weiter mit
Wie-können-wir-Frage

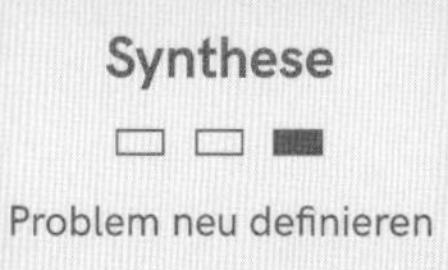

WIE KÖNNEN WIR den Pokerspieler Felix

DABEI UNTERSTÜTZEN, störende Geräusche auszublenden,

DAMIT er sich besser konzentrieren kann,

OBWOHL seine Mitspieler sich am Tisch unterhalten **?**

Wie-können-wir-Frage

Worum geht's?

Die ursprüngliche Problemstellung des Innovationsprojekts wird auf Basis der gewonnenen Erkenntnisse **neu definiert**. Die Wie-können-wir-Frage (WKW-Frage) ergibt sich aus dem Point of View und beinhaltet die **Person**, das **Problem** und das (interpretierte) **Ziel** der Person. Mit der WKW-Frage wird der problemorientierte Teil des Innovationsprojekts abgeschlossen und der lösungsorientierte Abschnitt eingeleitet. Anhand der WKW-Frage wird nach dem Testen des Produkts außerdem gemessen, ob und inwiefern ein zufriedenstellendes Ergebnis erreicht wurde.

Ziel

Neudefinierte, **personalisierte Problemstellung**

Steps

Nehmen Sie den vorher definierten ▶ Point of View zur Hand.

Identifizieren Sie die **Person** (Felix), das **Problem** (störende Geräusche) und das (interpretierte) **Ziel** (gesteigerte Konzentration).

Schreiben Sie diese drei Punkte zu einer Wie-können-wir-Frage um: „Wie können wir Felix dabei helfen, störende Geräusche auszublenden, damit er sich besser konzentrieren kann?" oder „Wie können wir Felix dabei helfen, sich besser zu konzentrieren, obwohl störende Geräusche ihn am Pokertisch ablenken?"

In manchen Fällen bietet es sich an, eine weitere Dimension (beispielsweise das übergeordnete Ziel – mehr Erfolg beim Pokern) mit in die WKW-Frage aufzunehmen. In den meisten Fällen reichen jedoch Person, Problem und Ziel.

- Whiteboard
- Board-Marker
- Post-its
- Stifte

Weiter mit
Brainstorming

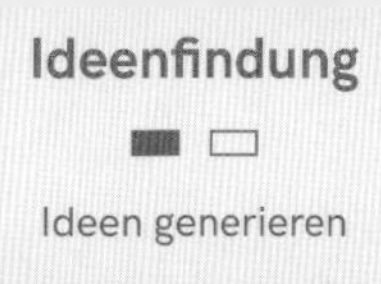

Freibier vor Wahllokalen

Wahlkabinen in Bahnen

Wahlparty

Wahlverbot androhen

zusammen wählen während der Arbeit

online wählen

wählen per Brieftaube

Push-Benachrichtigung aufs Handy

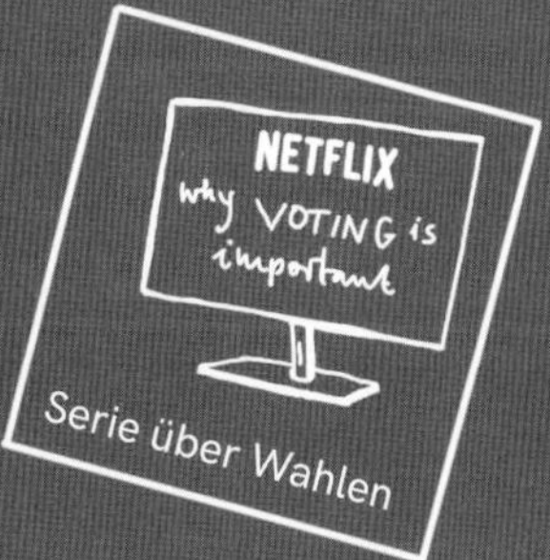

Serie über Wahlen

Brainstorming

Worum geht's?

Nachdem das Problem mithilfe einer WKW-Frage neu definiert wurde, bietet sich ein allgemeines Brainstorming zur Ideenfindung an. Beim Brainstorming versammeln sich alle Teammitglieder, um möglichst viele **Ideen** zu **kreieren**, aus denen im späteren Prozess die vielversprechendsten Ideen ausgewählt werden. Versuchen Sie, möglichst viele Ideen in einem Zeitraum von etwa fünf bis zehn Minuten zu generieren. Ein fünfköpfiges Team kann in zehn Minuten problemlos eine dreistellige Zahl an Ideen generieren. Achten Sie dabei auf die **Prinzipien des Design Thinking**. Arbeiten Sie visuell und fokussiert, bemühen Sie sich um verrückte Ideen und bauen Sie auf die Ideen Ihrer Teamkollegen auf.

Ziel

Erste Sammlung von **Ideen**

Steps

1 **Vorbereiten**

Schreiben Sie die ▶ Wie-können-wir-Frage auf ein Whiteboard.

2 **Generieren**

Positionieren Sie sich im Team vor dem Whiteboard und beginnen Sie, entsprechende **Ideen** für die **Lösung** des Problems zu generieren.

Sobald eine Idee entsteht, wird sie ohne Einhaltung einer Reihenfolge von der entsprechenden Person laut ausgerufen, auf ein Post-it geschrieben und unter die Problemstellung geheftet. Tipp: Achten Sie darauf, sowohl Ihre eigenen als auch die Ideen Ihrer Teammitglieder noch nicht zu bewerten oder gar offen zu kritisieren. Im Gegenteil: Die verrücktesten Ideen beinhalten meist das größte Potenzial.

3 **Auswerten**

Nachdem die vorgegebene Zeit verstrichen ist, stellt jedes Teammitglied seine Ideen am Whiteboard vor (max. 20 Sekunden pro Idee).

Sollte ein Teammitglied eine ähnliche Idee wie ein Vorgänger beschreiben, wird das dazugehörige Post-it direkt neben das bestehende geheftet. Falls eine exakt gleiche Idee beschrieben werden sollte, kann das neue Post-it über das bestehende geklebt werden, sodass keine Redundanzen auftreten.

Fassen Sie gemeinsam im Team die entstandenen Ideen in Gruppen zusammen.

Lassen Sie ausreichend Platz, um die einzelnen Gruppen durch Ideen aus weiteren Brainstorming-Sessions zu ergänzen.

Entscheiden Sie sich im Team, mit welcher Brainstorming-Methode Sie fortfahren möchten.

- Whiteboard
- Board-Marker
- Post-its
- Stifte

Weiter mit

Brainstorming mit Perspektivenwechsel/ Brainstorming mit Umfeldwechsel/ Brainstorming an bestehenden Produkten

Brainstorming mit Perspektivenwechsel

Worum geht's?

Wie auch beim allgemeinen Brainstorming sollen zu einer WKW-Frage **möglichst viele Ideen** entstehen. Das Brainstorming mit Perspektivenwechsel bietet eine erweiterte Möglichkeit, auf noch **abstraktere und kreativere Lösungsansätze** zu kommen. Identisch zum allgemeinen Brainstorming versammelt sich das Team vor einem Whiteboard, schreibt die Problemstellung auf und generiert Ideen, die an das Whiteboard geheftet werden. Beim Perspektivenwechsel werden nun unterschiedliche **Ausgangspunkte** zum Kreieren der Ideen geschaffen. Sie können sowohl alle Perspektivenwechsel durchprobieren oder sich eine Perspektive aussuchen. Arbeiten Sie visuell und fokussiert, bemühen Sie sich um „verrückte Ideen" und bauen Sie auf die Ideen Ihrer Teamkollegen auf.

Ziel

Erweiterte Sammlung von **Ideen**

Arten

In den Schuhen von…
Stellen Sie sich vor, Sie wären eine beliebige Person, ein Superheld, eine Marke oder Ähnliches. Wie hätte bzw. würde dieser (beispielsweise Steve Jobs oder IKEA) das Problem lösen? Die hier entstandenen Ideen sind meist sehr abstrakt bzw. physisch kaum umsetzbar. Allerdings kann diese Methode dazu dienen, die generelle Kreativität anzuregen oder Problemlösungen aus einem völlig neuen Blickwinkel zu betrachten.

Teufels Küche
Stellen Sie sich vor, sie wollen das Leben des Nutzers zur Hölle machen. Wie würde eine extrem schlechte Lösung des Problems aussehen? Die hier entstandenen Ideen müssen im Nachhinein „umgedreht" werden. Somit kann aus einer Kaffeemaschine, die den Besitzer beleidigt oder mit heißem Wasser vollspritzt, ein Gerät entstehen, das einen „Guten Morgen" wünscht und dabei völlig auslaufsicher ist. Falten Sie dazu das jeweilige Post-it in der Mitte und schreiben Sie den gegenteiligen Gedanken auf die Rückseite. Mit diesem Vorgehen können Dimensionen der Problemstellung festgestellt werden, die mit herkömmlichen Brainstorming-Methoden verborgen geblieben wären.

Beschränkungen
Fügen Sie beliebige Hindernisse ein, um auf neue Gedanken zu kommen. Wie würde das Problem gelöst werden, wenn der Nutzer in der Wüste lebt? Wenn wir nur 50 Euro zur Verfügung haben? Wenn wir nur einen Tag Zeit hätten? Der Sinn ist ebenfalls das Denken in neuen Dimensionen – abseits herkömmlicher Denkmuster.

Steps

Jedes Teammitglied stellt seine Ideen am Whiteboard vor (max. 20 Sekunden pro Idee).

Diskutieren Sie anschließend die Ideen und überlegen Sie, wie die entsprechende Lösung in der Realität aussehen könnte.

Heften Sie die Ergebnisse zu den bereits bestehenden Ideengruppen.

Wenn Sie glauben, genügend spannende Ideen gesammelt zu haben, können Sie mit der 2x2-Matrix fortfahren, um die Ideen zu bewerten. Andernfalls können Sie weitere Brainstorming-Methoden ausprobieren.

- Whiteboard
- Board-Marker
- Post-its
- Stifte

Weiter mit
Brainstorming/Brainstorming mit Umfeldwechsel/Brainstorming an bestehenden Produkten/2x2-Matrix/Dot-Voting

Brainstorming mit Umfeldwechsel

Worum geht's?

Wie auch beim allgemeinen Brainstorming sollen zu einer WKW-Frage möglichst **viele Ideen** entstehen. Im Gegensatz zum Brainstorming mit Perspektivenwechsel zielt diese Art des Brainstormings nicht auf eine Veränderung der Problemstellung, sondern auf die **Veränderung** des **Umfelds**, in welcher die jeweiligen Ideen generiert werden. Arbeiten Sie visuell und fokussiert, bemühen Sie sich um „verrückte Ideen" und bauen Sie auf die Ideen Ihrer Teamkollegen auf.

Ziel

Erweiterte Sammlung von **Ideen**

Arten

Silent Brainstorming
Jedes Teammitglied zieht sich an einen bequemen Ort zurück und versucht, innerhalb der gegebenen Zeit möglichst viele Ideen zu generieren. Wichtig ist es hierbei, dass jedes Teammitglied alleine Ideen brainstormt und dabei nicht von Gedanken anderer abgelenkt wird.

Walking
Jedes Teammitglied nimmt sich Post-its und Stift und startet eine kleine Wanderung. Die Ideen werden dabei während des Laufens aufgeschrieben. Jedes Umfeld kann dabei Inspirationen bieten - achten Sie auf die Gegenstände in Ihrer Umgebung und überlegen Sie, wie Sie diese für die Lösung Ihrer Problemstellung nutzen können. Wenn es das Wetter zulässt, bietet es sich an, diese Ideenwanderung im Freien durchzuführen, da gerade die Natur oder auch der städtische Trubel einen stimulierenden Effekt auf die menschliche Kreativität aufweisen.

Hot Potato
Bei dieser Methode generiert das Team die Ideen gemeinsam. Es wird ein Kreis gebildet und ein bestimmtes Objekt (ein Ball oder ein Wollknäuel) als „heiße Kartoffel" bestimmt. Die Teammitglieder werfen sich die „Kartoffel" nun untereinander zu, wobei der Fänger jedes Mal, wenn die „Kartoffel" zu ihm kommt, eine Idee aussprechen muss. Es bietet sich an, ein Teammitglied als Protokollanten zu bestimmen, der die Ideen für das Team direkt auf Post-its notiert. Der spontane Überraschungseffekt führt häufig zu interessanten Gedankenblitzen.

Steps

Jedes Teammitglied stellt seine Ideen am Whiteboard vor (max. 20 Sekunden pro Idee).

Diskutieren Sie anschließend die Ideen und überlegen Sie, wie die entsprechende Lösung in der Realität aussehen könnte.

Heften Sie die Ergebnisse zu den bereits bestehenden Ideengruppen.

Wenn Sie glauben, genügend spannende Ideen gesammelt zu haben, können Sie mit der 2x2-Matrix fortfahren, um die Ideen zu bewerten. Andernfalls können Sie weitere Brainstorming-Methoden ausprobieren.

- Whiteboard
- Board-Marker
- Post-its
- Stifte

Weiter mit
Brainstorming/Brainstorming mit Perspektivenwechsel/Brainstorming an bestehenden Produkten/2x2-Matrix/Dot-Voting

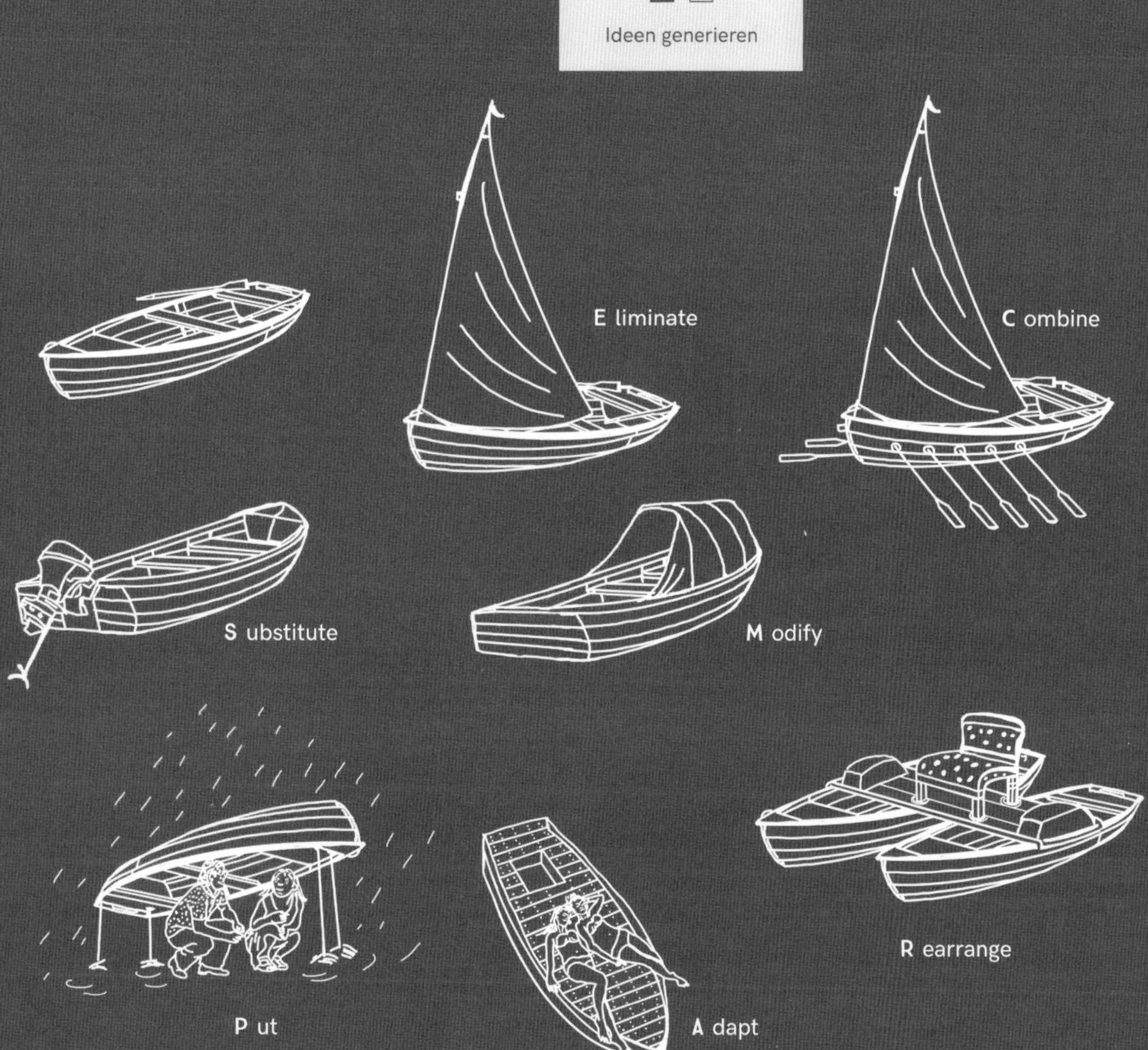

Brainstorming an bestehenden Produkten

Worum geht's?

Haben Sie bereits ein Produkt oder eine Dienstleistung, die Sie verbessern möchten, können Sie die Flucht- oder SCAMPER-Methode anwenden. Dabei nehmen Sie das bestehende **Produkt** sinnhaft auseinander und überlegen, welche **Aspekte verändert** werden können und wo weitere **Potenziale** vorhanden sind.

Ziel

Sammlung von **Ideen** zur Weiterentwicklungen bestehender Produkte

Arten

Flucht
Überlegen Sie sich Grundannahmen zum Produkt oder zur Dienstleistung und schreiben Sie diese auf ein Whiteboard (z. B.: Im Supermarkt gibt es Kassiererinnen und Kassierer). Machen Sie sich Gedanken, was eine völlig andere Anwendung wäre oder was das Gegenteil der Grundannahme darstellt und schreiben Sie es auf. Sie flüchten auf diese Weise vor dem Gedanken, ein Supermarkt müsse über Kassierer verfügen. Stellen Sie sich vor, wie das Produkt oder die Dienstleistung nun funktionieren würde und halten Sie die Ergebnisse fest (Kasse zum eigenen Scannen der Waren; Supermarkt, der automatisch erkennt, welche Produkte mitgenommen werden). Wiederholen Sie diese Schritte mit mehreren Grundannahmen zum selben Thema.

SCAMPER
Visualisieren Sie das Produkt oder die Dienstleistung an einem Whiteboard.
Überlegen Sie, wie einzelne Elemente des Produkts ersetzt (**S**ubstitute), kombiniert (**C**ombine), angepasst (**A**dapt), modifiziert (**M**odify), anders verwendet (**P**ut to other use), weggelassen (**E**liminate) oder neu angeordnet (**R**earrange) werden können:
So können Kellner durch Entertainer ersetzt werden (**S**). Gesichtserkennung dient neben der Eingabe einer PIN zur Entsperrung des Smartphones (**C**). Fahrräder werden zur Nutzung im Gelände zu Mountainbikes (**A**). Autos erhalten eine bessere Aerodynamik (**M**). Der Blitz der Handykamera wird zur Taschenlampe (**P**). Der Verzicht auf einen Kofferraum führt zu zwei weiteren Sitzplätzen im Auto (**E**) und Einkaufszentren befinden sich auf einmal in U-Bahn-Schächten (**R**).

Steps

Jedes Teammitglied stellt seine Ideen am Whiteboard vor (max. 20 Sekunden pro Idee).

Wenn Sie glauben, genügend spannende Ideen gesammelt zu haben, können Sie mit der 2x2-Matrix fortfahren, um die Ideen zu bewerten. Andernfalls können Sie weitere Brainstorming-Methoden ausprobieren.

- Whiteboard
- Board-Marker
- Post-its
- Stifte

Weiter mit
Brainstorming/Brainstorming mit Perspektivenwechsel/Brainstorming mit Umfeldwechsel/2x2-Matrix/Dot-Voting

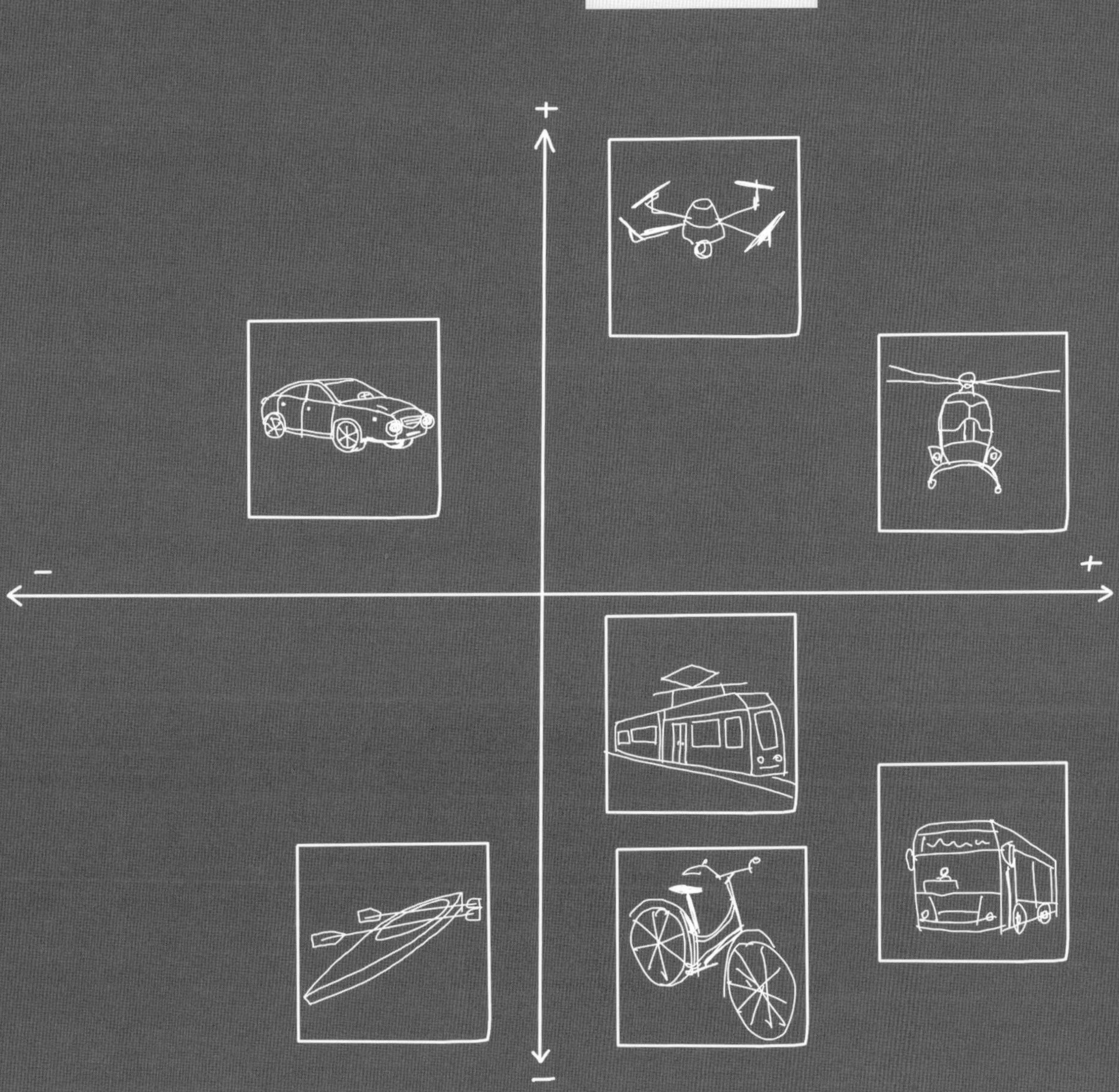

2x2-Matrix

Worum geht's?

In einer 2x2-Matrix werden die entstandenen Ideen auf Post-its visuell **geordnet** und anhand von zwei selbst gewählten Kriterien **bewertet**. Mit dieser Methode wird eine Vielzahl von Ideen aussortiert, sodass sich das Team auf die vielversprechendsten Ideen einigen kann. Diese Methode kann nicht nur in der Phase der Ideenselektion Anwendung finden, sondern immer, wenn eine Entscheidung ansteht.

Ziel

Übersicht über Attraktivität der Ideen

Steps

1 **Vorbereiten**

Zeichnen Sie eine 2x2-Matrix, die aus vier Feldern besteht, auf ein Whiteboard.

Bestimmen Sie für die x-und y-Achse Kriterien (beispielsweise „Kosten und Nutzen" oder „Zeitaufwand und erwartete Kundenzufriedenheit"), anhand derer Sie die Ideen bewerten. Achten Sie auf **Genauigkeit** der Kriterien, die möglichst nur **einen** einzigen inhaltlichen **Aspekt** messen. Es gibt pro Kriterium eine starke und eine schwache Ausprägung.

2 **Verordnen**

Klären Sie im Team, welche **Bedingungen** erfüllt sein müssen, damit eine Idee in Bezug auf die Kriterien als stark oder schwach gilt.

Gehen Sie nun die einzelnen Ideen durch und verordnen Sie diese mithilfe von Post-its innerhalb der Matrix, um zu erkennen, welche Ideen für die Lösung Ihrer Herausforderung am attraktivsten sind.

- Whiteboard
- Board-Marker
- Post-its
- Stifte

Weiter mit
Dot-Voting/Critical Function

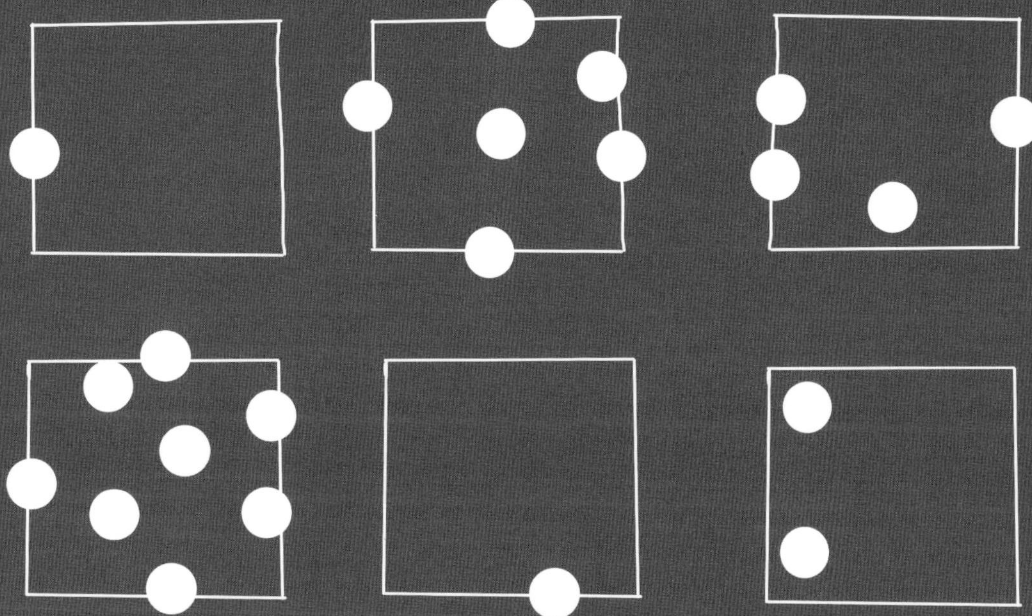

Dot-Voting

Worum geht's?

Beim Dot-Voting **stimmen** die Teammitglieder über eine Vielzahl von Ideen oder Informationen ab. Diese Methode sollte immer dann Anwendung finden, wenn **mehrere Optionen** (Ideen, Interviewpartner, Nutzer o. Ä.) zur Verfügung stehen und das Team sich für das weitere Vorgehen entscheiden muss. Das Dot-Voting kann nicht nur in der Phase der Ideenselektion Anwendung finden, sondern immer, wenn eine Entscheidung ansteht.

Ziel

Einigung des Teams auf eine oder mehrere Ideen

Steps

1 **Vorbereiten**

Sämtliche zur Verfügung stehende Optionen werden sichtbar auf Post-its an ein Whiteboard geheftet.

Jedes Teammitglied bekommt **drei Klebepunkte**.

2 **Abstimmen**

Jedes Teammitglied klebt nun je einen Klebepunkt an die von ihm **favorisierten** Ideen. Achten Sie darauf, die Punkte nicht an die eigenen Ideen, sondern nur an die Ideen der anderen Teammitglieder zu kleben.

Zählen Sie die Punkte auf den einzelnen Post-its - die Ideen mit den meisten Stimmen gewinnen und werden weiter verfolgt. Meistens bietet es sich an, etwa eine bis drei Ideen in die nächste Phase mitzunehmen.

Swarm-Voting

Sollten Sie eine große Anzahl an Ideen (50 oder mehr) zur Auswahl haben, können die Teammitglieder bis zu 15 Punkte vergeben. Dabei dürfen nun auch mehrere Punkte einer einzigen Person an eine Idee geklebt werden. Die Ergebnisse zeigen aufschlussreiche Trends über die vielversprechendsten Ideen.

- Whiteboard
- Board-Marker
- Post-its
- Stifte
- Klebepunkte

Weiter mit

Diese Methode eignet sich immer, wenn eine Abstimmung benötigt wird.

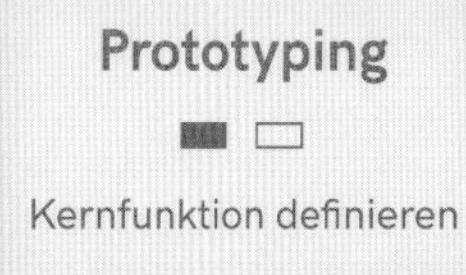

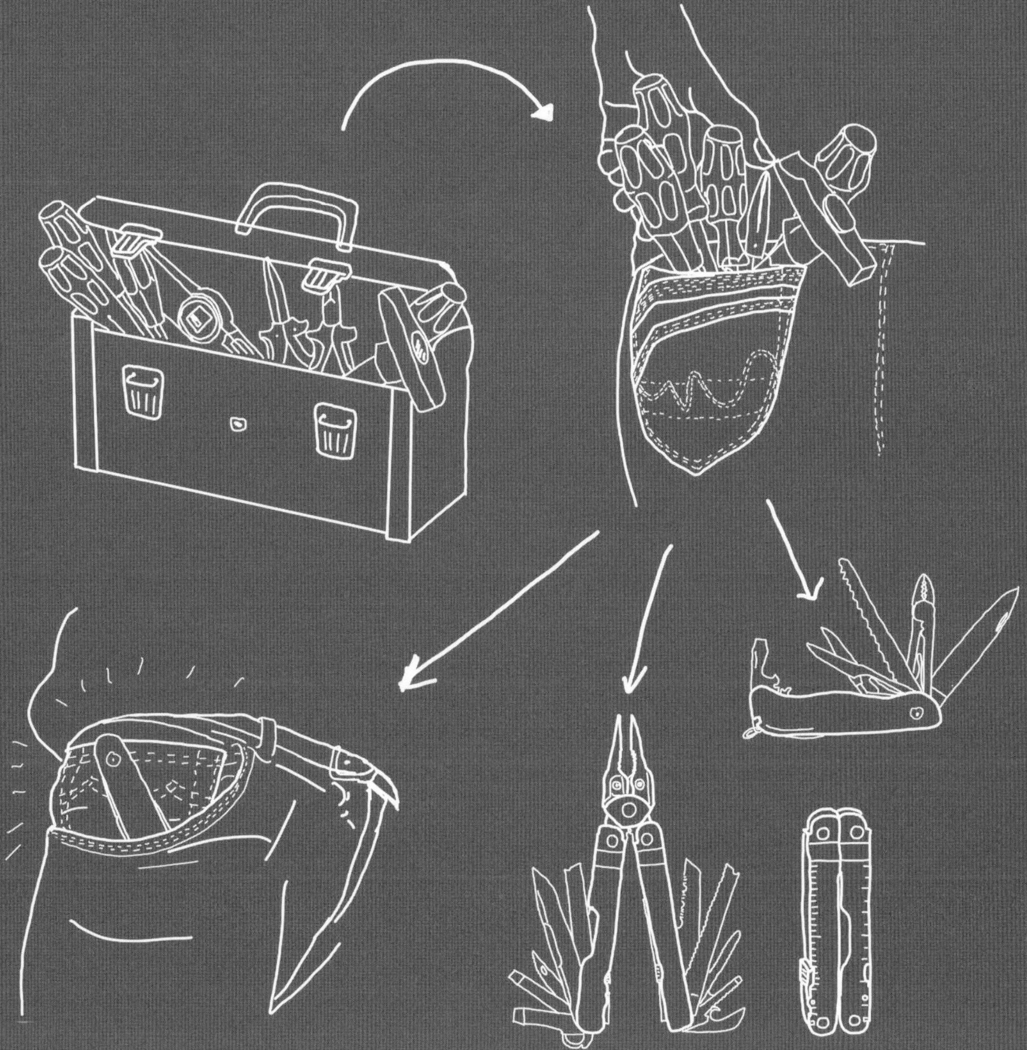

Critical Function

Worum geht's?

Die Definition einer Kernfunktion kann gerade bei neuartigen, abstrakten oder unrealistisch klingenden Ideen helfen, sich über den **zugrunde liegenden Zweck** Gedanken zu machen. Die meisten Ideen haben eine zentrale Kernfunktion, auf die es ankommt, um ein Problem zu lösen. Diese bildet dann den Ausgangspunkt für die Erstellung eines Prototyps, indem die ursprüngliche Idee durch die zugrunde liegende Kernfunktion ersetzt wird. Die Kernfunktion eines Taschenmessers kann dabei die Möglichkeit sein, Werkzeug in der Hosentasche zu transportieren. Um die **Akzeptanz** dieser Kernfunktionen zu testen, könnte das Innovationsteam beispielsweise einen Werkzeugkoffer ein paar Stunden neben einem Bauarbeiter hertragen, um zu beobachten, welche Werkzeuge am häufigsten verwendet werden. Auf diese Erkenntnis aufbauend könnte das Taschenmesser dann mit diesen Werkzeugen bestückt werden.

Ziel

Verständnis über zugrunde liegenden **Mehrwert**

Steps

Betrachten Sie im Team die zuvor ausgewählten Ideen. Im besten Fall handelt es sich um **zwei oder drei**, jedoch nicht mehr als fünf Ideen.

Diskutieren Sie zu den einzelnen Ideen, was den zugrunde liegenden **Mehrwert** (die Kernfunktion) ausmacht und schreiben Sie ihn auf.

Sollte die Kernfunktion nur mit enormen technischen Aufwendungen umsetzbar sein, starten Sie erneut ein kurzes Brainstorming mit der Frage, wie diese Kernfunktion testbar gemacht werden kann. Ist Ihre Idee beispielsweise eine Diktier-App für Gebärdensprache, stellt die Kernfunktion vermutlich das Verschriftlichen von Handzeichen dar. Anstelle die App nun direkt aufwendig zu programmieren, können Sie testen, wie sich ein taubstummer Mensch verhält, während ein Dolmetscher für Gebärdensprache die Handzeichen niederschreibt. Kommt das Konzept bei der Zielgruppe gut an? Worauf legen die Nutzer Wert?

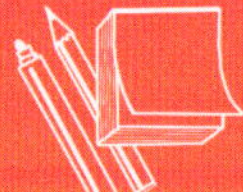

- Whiteboard
- Board-Marker
- Post-its
- Stifte

Weiter mit

Ideenserviette/Physisches Modell/
Digitales Modell/Rollenspiel

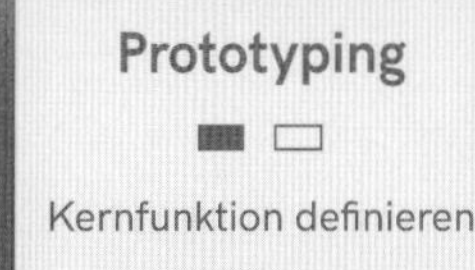

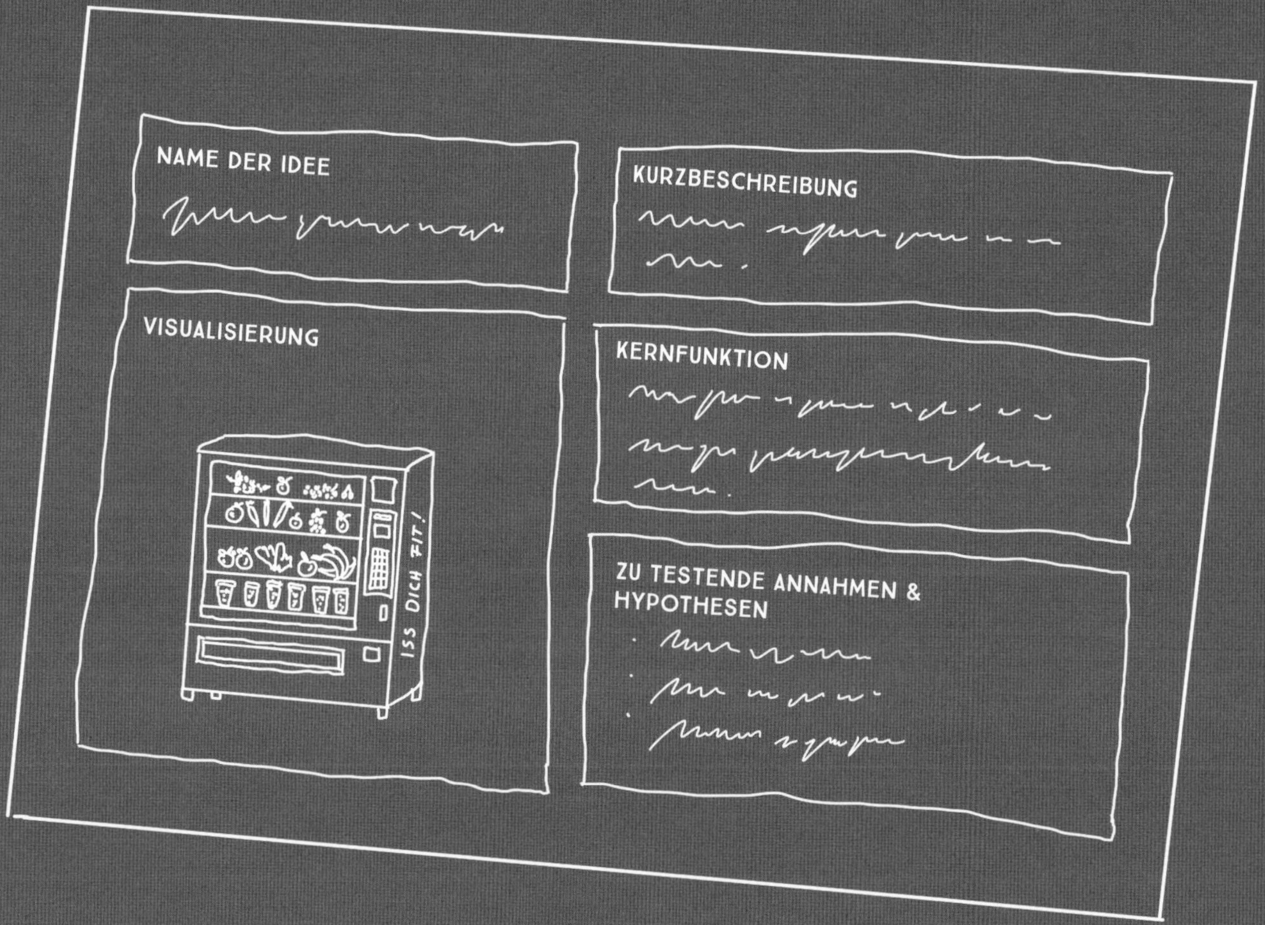

NAME DER IDEE

KURZBESCHREIBUNG

VISUALISIERUNG

ISS DICH FIT!

KERNFUNKTION

ZU TESTENDE ANNAHMEN & HYPOTHESEN

Ideenserviette

Worum geht's?

Die Ideenserviette hilft dabei, die eigenen Gedanken zu **sortieren** und ein gemeinsames **Verständnis** der jeweiligen Idee innerhalb des Teams zu schaffen. Ehe das Team mit dem Erstellen des Prototyps beginnt, werden verschiedene **Aspekte** der favorisierten Idee abgefragt. Dazu gehören der **Name** der Idee, die **Kurzbeschreibung**, die **Kernfunktion**, die zu testenden **Annahmen** sowie eine **Visualisierung** der Idee.

Ziel

Niedergeschriebene **Übersicht** über **Aspekte** einer Idee

Steps

1 **Vorbereiten**

Übertragen Sie die Vorlage der Ideenserviette von der Vorderseite der Moderationskarte auf ein Whiteboard.

2 **Ausfüllen**

Jedes Teammitglied schreibt seine Vorschläge für die einzelnen Aspekte auf Post-its und heftet sie an die entsprechende Stelle der Ideenserviette.

Gibt es Widersprüche, ist das ein Zeichen dafür, dass die Teammitglieder noch kein gemeinsames Verständnis der Idee entwickelt haben. In diesem Fall führen Sie am besten nach kurzer Diskussion ein ▶ Dot-Voting durch, um mögliche Optionen zu reduzieren.

Besonderes Augenmerk sollte auf den zu testenden **Annahmen** bzw. **Hypothesen** liegen. Durch das Generieren von Hypothesen finden Sie heraus, welche offenen Fragen besonders dringend und wichtig sind – und deshalb durch das Testen unbedingt beantwortet werden sollten.

Wählen Sie anhand der Ideenserviette eine geeignete Art der Prototyp-Erstellung.

- Whiteboard
- Board-Marker
- Post-its
- Stifte

Weiter mit

Physisches Modell/Digitales Modell/Rollenspiel

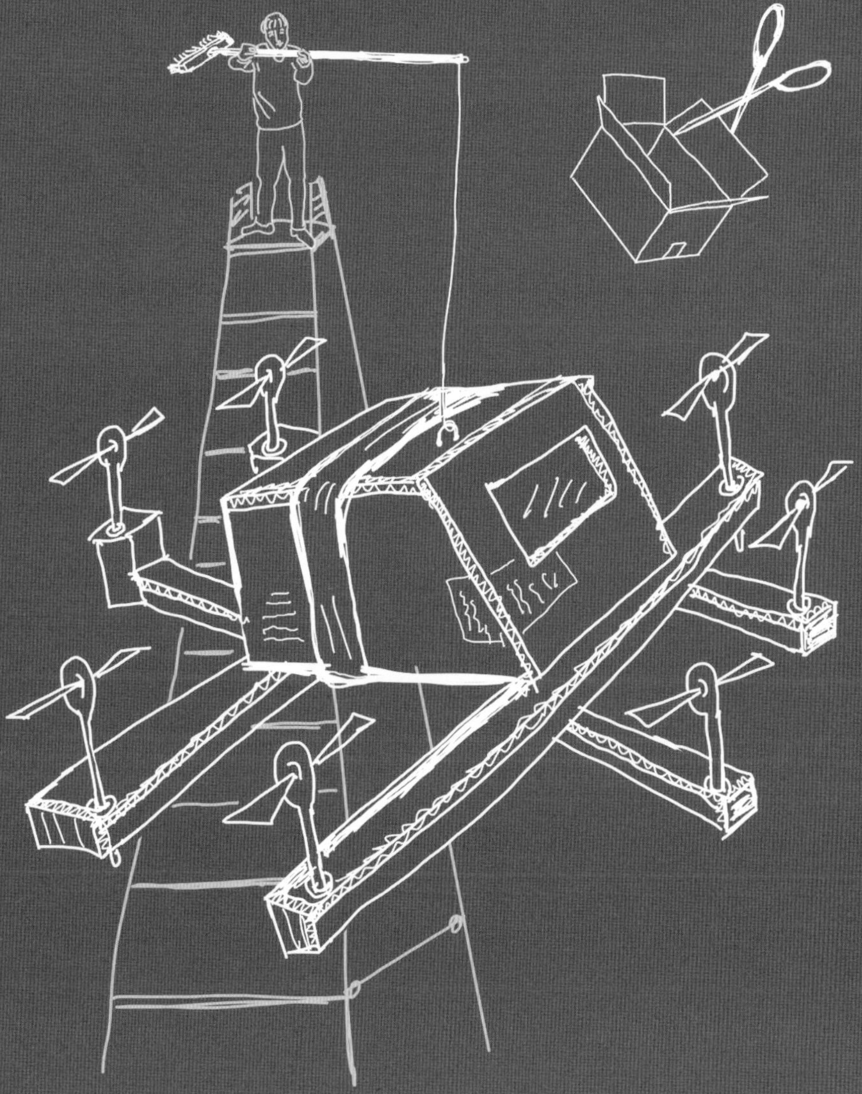

Physisches Modell

Worum geht's?

Ein Modell bietet eine schnelle und effiziente Möglichkeit, um eine Idee bzw. deren Kernfunktion für den Nutzer **erlebbar** und somit **bewertbar** zu machen. Zielsetzung ist hierbei, eine **Erkenntnis** über **Verständnis** und **Akzeptanz** des Produkts zu erlangen. Das physische Modell bietet sich vor allem für **greifbare** Produkte an – in manchen Fällen kann aber auch ein digitales Produkt, wie beispielsweise eine Webseite, durch einen Papier-Prototyp dargestellt werden. Besonders nützlich für die Erstellung eines physischen Modells sind diverse Bastelutensilien, Lego, Drähte und Pfeifenreiniger, Klebstoff, Alufolie und unterschiedlich dickes Papier.

Ziel

Erste greifbare **Umsetzung** der Idee

Steps

1 **Vorbereiten**

Nutzen Sie die Informationen von der ▶ Ideenserviette, um mit dem Bau des Prototyps anzufangen.

Bauen Sie den Prototyp derart, dass die ▶ Kernfunktion von der Zielgruppe klar **erkannt** und **getestet** werden kann.

2 **Umsetzen**

Setzen Sie auf **einfaches Material**. Prototypen, die bewusst „unfertig" aussehen, entlocken dem Test-Publikum ein ehrlicheres Feedback. Die Nutzer müssen sich nicht um Details der Ausgestaltung Gedanken machen und haben nicht das Gefühl, ein bereits fertiges Produkt zu kritisieren, in dessen Erstellung schon viel Energie geflossen ist.

Bedenken Sie bereits beim Bau des Modells, wie dieses später getestet werden soll. Ziel ist es, eine **Interaktion** zwischen Produkt und Nutzer zu ermöglichen. Wenn Sie beispielsweise die Idee einer sprachgesteuerten Drohne testen möchten, reicht es nicht, eine Papierdrohne zu bauen und sie dem Nutzer in die Hand zu drücken. Der Nutzer sollte der Drohne tatsächlich Befehle geben können, beispielsweise indem die Drohne an einer von ihm geführten Angel in der Luft schwebt.

- Bastelutensilien
- Scheren
- Stifte
- Papier
- Kleber, Draht usw.

Weiter mit
Testszenario kreieren

Digitales Modell

Worum geht's?

Digitale Produkte, wie Smartphone-Apps oder Webseiten, können mithilfe digitaler Modelle **erlebbar** gemacht werden, auch ohne die Idee mit viel Aufwand programmieren zu müssen. Zielsetzung ist hierbei, eine **Erkenntnis** über **Verständnis** und **Akzeptanz** des digitalen Produkts zu erlangen. Nicht immer muss für ein digitales Produkt auch ein digitales Modell erstellt werden – manchmal reicht bereits ein physisches Modell als schnelles Testobjekt aus Papier. Soll das Modell jedoch bereits näher am Endprodukt sein (weil z. B. die Akzeptanz des digitalen Mediums oder die Umsetzbarkeit der Idee auf einer besonders kleinen Screengröße getestet werden soll), dann eignen sich nach kurzer Einarbeitungszeit hierzu Programme, wie Adobe XD oder Sketch sowie gegebenenfalls auch PowerPoint. Mithilfe dieser Programme werden nun sogenannte **Wireframes** erstellt, die später zu einem Klickdummy kombiniert werden können. Ein Wireframe ist die schematische Darstellung eines Seitenaufbaus, welche die grundlegenden Elemente einer Webseite oder einer App skizziert. In besagten Programmen lassen sich diese Beispielseiten miteinander verbinden, sodass bereits eine grobe Funktionsweise simuliert werden kann. Durch einen anschließenden Nutzertest kann erstes Feedback zu der Kernfunktion der Idee generiert und gegebenenfalls sogar Rückmeldung zu der Nutzerführung des digitalen Produkts gesammelt werden.

Ziel

Digitale Lösungen **greifbar** und **testbar** machen

Steps

Nutzen Sie die Informationen von der ▶ Ideenserviette und machen Sie sich Gedanken über den Aufbau der Webseite oder der App, die Menüstruktur und die zu testende Funktionalität.

Achten Sie beim Erstellen des Prototyps darauf, dass die ▶ Kernfunktion von der Zielgruppe klar **erkannt** und **getestet** werden kann.

Setzen Sie auf ein **einfaches Erscheinungsbild** – ein schwarz-weißer Klickdummy mit minimalistischen Rechtecken ist hier durchaus empfehlenswerter als ein ausgestaltetes Mockup mit durchgestylten Buttons. Prototypen, die bewusst unfertig aussehen, entlocken dem Test-Publikum ehrlicheres sowie auch auf die Kernfunktion fokussiertes Feedback, da wenig Raum für Diskussionen über designspezifische Aspekte eröffnet wird.

Überlegen Sie bereits, wie und insbesondere mit welchem technischen **Endgerät** das Modell getestet werden soll. Wichtig ist hierbei, vor allem die Größe des Displays bei der Erstellung des Prototyps zu beachten, damit sämtliche Inhalte gut lesbar und alle Buttons groß genug sind, um sie zu klicken.

- Computer
- Software (PowerPoint, Adobe XD, Sketch o. Ä.)
- Endgerät zum Testen (z. B. iPad, Laptop, Smartphone)
- Papier
- Stifte

Weiter mit
Testszenario kreieren

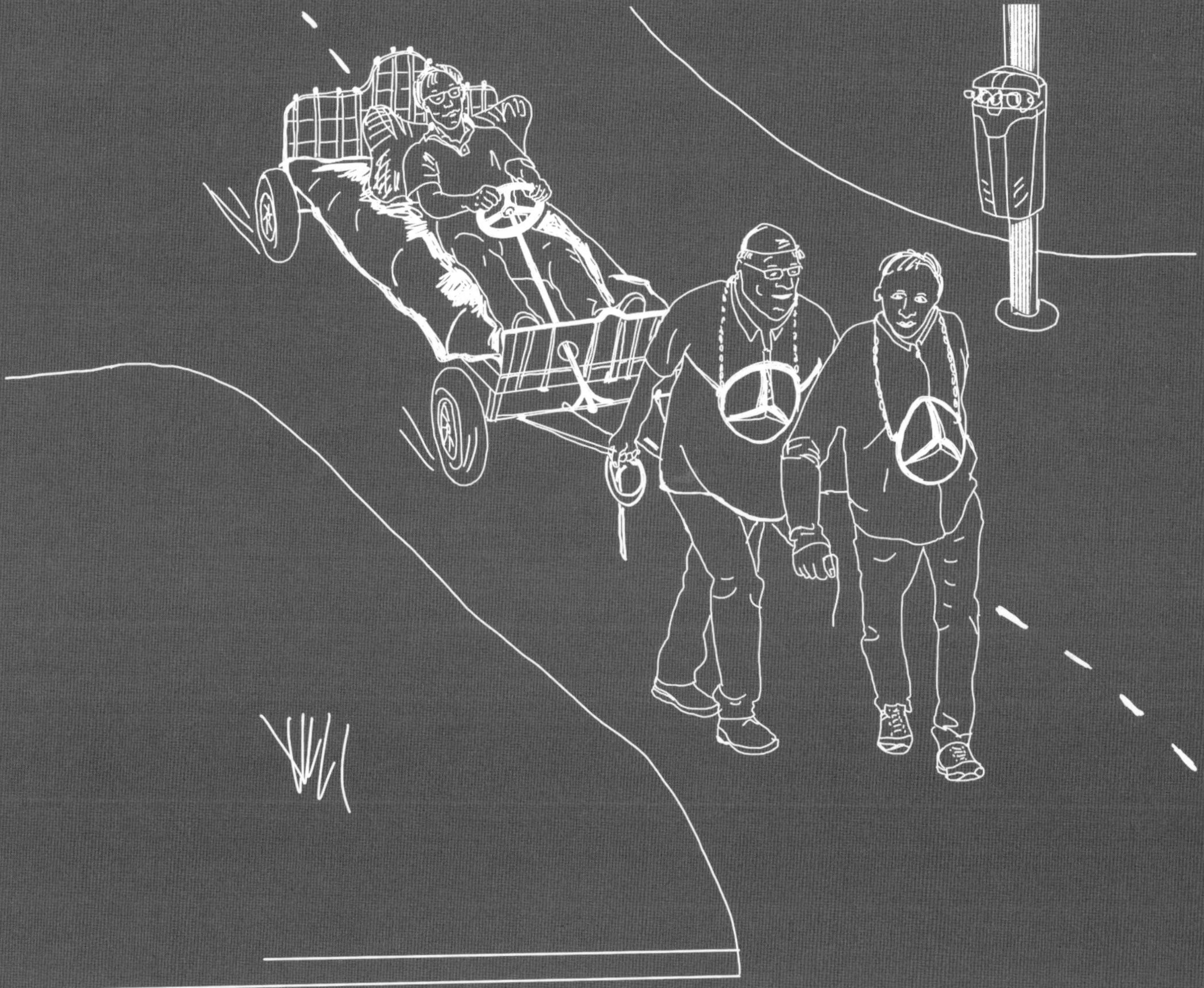

Rollenspiel

Worum geht's?

Handelt es sich bei der entwickelten Lösungsidee um einen **Prozessablauf**, eine soziale **Interaktion** oder eine **Dienstleistung**, ist ein Rollenspiel eine geeignete Prototyping-Methode. Auch digitale oder physische Produktlösungen können in ein Rollenspiel eingebettet werden. Das Rollenspiel macht dabei ein Szenario für die Testperson **erlebbar** und bietet ihr ein **immersives Erlebnis**. Zielsetzung ist hierbei das Sammeln wichtiger **Erkenntnisse** über **Verständnis** und **Akzeptanz** des vorgestellten Ablaufs oder der Dienstleistung. Je nachdem, welche Situation getestet werden soll, bekommen die einzelnen Teammitglieder entsprechende Rollen zugewiesen und interagieren als diese mit dem Nutzer.

Ziel

Prozessabläufe darstellen, Testpersonen ein **Szenario erleben lassen**

Steps

Nutzen Sie die Informationen aus der ▶ Ideenserviette, um mit der Ausarbeitung des Rollenspiels zu beginnen.

Bereiten Sie das Rollenspiel in der Art eines interaktiven Theaterstücks vor. **Definieren** Sie Sprech- und Statistenrollen. Legen Sie fest, welches Teammitglied sich in welcher Situation wie verhalten soll, und einigen Sie sich auf mögliche Verkleidungen und benötigte Requisiten.

Der Nutzer soll aktiver **Teil des Geschehens** sein. Überlegen Sie sich daher genau, in welcher Form er integriert wird.

Bereiten Sie den Raum vor. Berücksichtigen Sie dabei auch, dass manche Test-Szenarien beweglich sein sollten, um an verschiedenen Orten zum Einsatz zu kommen.

Machen Sie eine Generalprobe mit allen beteiligten Personen.

- Verkleidungen
- Requisiten
- Papier
- Notizblock
- Stifte

Weiter mit
Testszenario kreieren

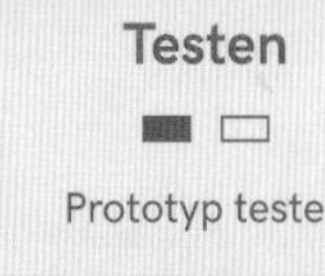

Testszenario kreieren

Worum geht's?

Damit Sie im Testen brauchbares Feedback zu Ihrem Prototyp erhalten, sollten Sie den Test ausreichend **vorbereiten**. Der Nutzer soll unter möglichst **realen Bedingungen** mit dem Prototyp **interagieren** können. Obwohl die Testphase wirkt, als sei sie schnell und einfach umzusetzen, beinhaltet sie enorm hohes **Potenzial für Fehler**, die in mangelhaftem Feedback resultieren. Achten Sie daher auf eine gründliche Vorbereitung.
Für die Planung des Testszenarios eignet sich die Erstellung eines **Storyboards**. Wie in einem Comic werden die einzelnen Schritte der Testsituation bildlich dargestellt. Ein Storyboard sorgt für eine klare Verteilung von Rollen und Aufgaben innerhalb des Teams und somit für einen reibungslosen Ablauf des Testens.

Ziel

Interaktives **Testszenario** generieren

Steps

1 Storyboard erstellen

Schreiben Sie die ▶ Wie-können-wir-Frage als Überschrift auf ein Whiteboard.
Besprechen Sie anhand der ▶ Ideenserviette, welche der **Annahmen** und **Hypothesen** im Rahmen des Testens beantwortet werden sollen. Übernehmen Sie diese mit auf das Blatt.
Zeichnen Sie nun ein Raster aus 4 bis 6 Kästchen (je mindestens 30 x 30 cm).
Betiteln Sie das erste Kästchen mit „Begrüßung" und das letzte mit „Verabschiedung". Somit wird ein Rahmen für das Testen gesteckt.
Definieren Sie, wie der Test ablaufen soll. Zeichnen Sie dazu den chronologischen Ablauf des zu testenden Szenarios. Der Nutzer sollte in jedem Kästchen zu sehen sein.

2 Rollen verteilen

Verteilen Sie nun Rollen innerhalb Ihres Teams: Wer begrüßt und begleitet den Testkandidaten? Wer ist Darsteller, beispielsweise bei einem Rollenspiel, bzw. wer übergibt den Prototyp? Und wer macht Notizen?

3 Organisatorisches klären

Nutzer: Wer soll Testperson sein? Bedarf es einer Einladung oder testen Sie mit zufällig anzutreffenden Personen? Finden Sie Test-Kandidaten, die in wesentlichen Merkmalen mit Ihrer ▶ Persona aus der Synthese-Phase übereinstimmen. Nehmen Sie sich Zeit für mindestens drei Testpersonen.
Ort: Wo findet der Test statt? Bei Ihnen im Büro oder an öffentlichen Plätzen?
Zeit: Wann soll der Test stattfinden und wie lange dauert er? Wie viele Testrunden soll es geben? Planen Sie ausreichend zeitliche Puffer zwischen den einzelnen Durchgängen ein.
Materialien: Welche Gegenstände oder Requisiten werden für den Test benötigt? Tipp: Bei aufwendigeren Test-Szenarien empfiehlt es sich, gegebenenfalls sogar eine Video-Aufnahme des Tests anzufertigen.
Organisieren Sie einen Probelauf Ihres Test-Szenarios und **evaluieren** Sie im Anschluss: Hat der Test Antworten auf alle Hypothesen geliefert? War das Test-Szenario offen und interaktiv genug? Wusste der Testkandidat zu jedem Zeitpunkt, was von ihm verlangt wird?

- Whiteboard
- Board-Marker
- Post-its
- Stifte

Weiter mit
Test durchführen

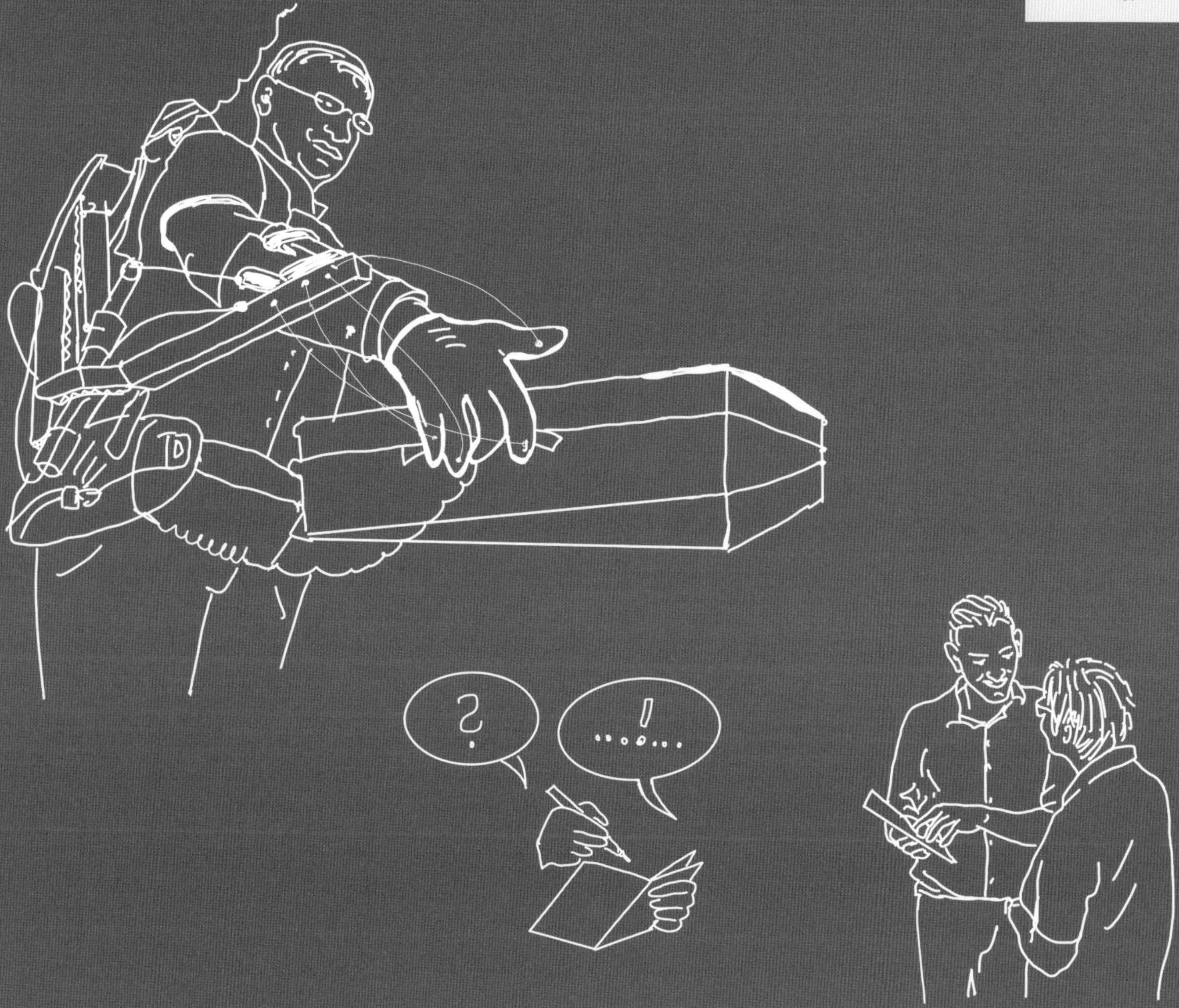

Test durchführen

Worum geht's?

Beim Durchführen des Tests liefern Ihnen die Test-Kandidaten wertvolles **Feedback** auf Ihren **Prototyp**, durch das Sie in einem sehr frühen Stadium bereits herausfinden können, wie gut Ihre Idee das Problem der Zielgruppe löst. Mit der Karte ▶ Testszenario kreieren wurden sämtliche Vorbereitungen getroffen. Nun geht es darum, den eigentlichen Test durchzuführen und dabei herauszufinden, welche **Produkteigenschaften** positiv bzw. negativ aufgefasst werden, ob das Produkt **verstanden** wird und welche unerwarteten **Erkenntnisse** auftauchen.

Ziel

Nutzer-**Feedback** erhalten

Steps

1 **Testsituation vorbereiten**

Verwenden Sie das **Storyboard**, um die Testsituation vor Ort vorzubereiten.

2 **Testen**

Begrüßen Sie den ersten Testkandidaten und stellen Sie die Teammitglieder sowie das Projekt in kurzen Zügen vor.

Beginnen Sie das Testen wie im Storyboard beschrieben. Achten Sie darauf, dem Nutzer nicht zu viele Informationen vorwegzunehmen, ihn jedoch genügend in die Situation einzuführen, um ihn wissen zu lassen, was von ihm verlangt wird.

Erklären Sie die Funktion des Prototyps nur dann, wenn der Nutzer eine Frage stellt. Schließlich geht es darum zu erkennen, wie **selbsterklärend** der Prototyp bereits ist.

Halten Sie Ihren eigenen Redeanteil möglichst gering. Ziel ist die Interaktion des Nutzers mit dem Prototyp ohne Ihre Erklärung.

Stellen Sie offene Fragen und **vermeiden** Sie **Suggestiv-** oder **Ja/Nein-Fragen**.

Machen Sie Notizen auf Post-its und fokussieren Sie sich dabei auf folgende Punkte:

- Welche Aspekte des Prototyps werden positiv aufgenommen?
- Welche Aspekte des Prototyps werden negativ aufgenommen?
- Wird der Prototyp in seiner Gesamtheit verstanden?
- Welche Fragen treten während des Testens auf?
- Verhält sich der Nutzer überraschenderweise anders als geplant? Welche Hinweise und Ideen für Veränderungen gibt es?

3 **Testsituation beenden**

Verabschieden Sie am Ende den Test-Kandidaten wertschätzend.

Gegebenenfalls können Sie den Probanden über weitere Projektentwicklungsphasen auf dem Laufenden halten – oft freuen sich Testpersonen zu sehen, auf welche Weise ihr Feedback in die Entwicklung der Innovation einfließt. Außerdem sollten Sie **Kontaktinformationen** austauschen, damit der Nutzer in einer späteren Iterationsphase erneut eingeladen werden kann.

- Testfähigen Prototyp
- Post-its
- Stifte
- Notizblock

Weiter mit
Feedback-Kreuz

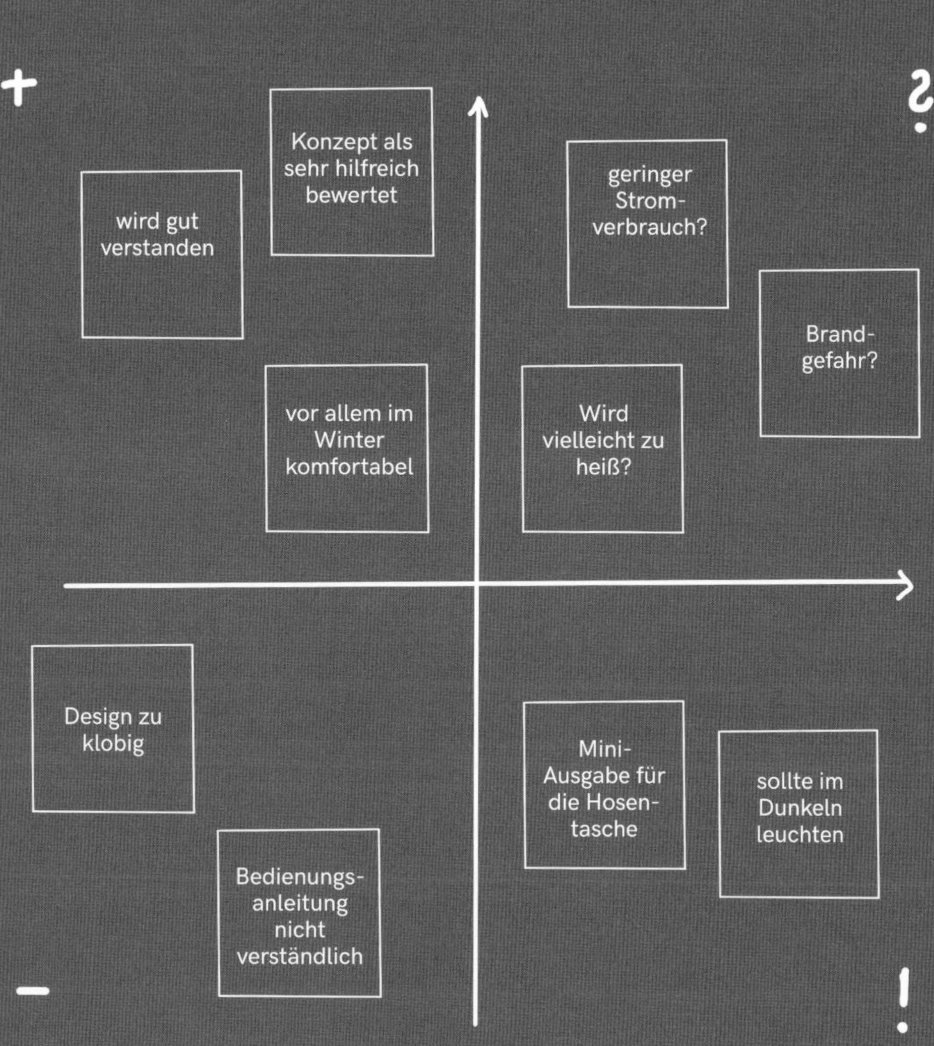

Feedback-Kreuz

Worum geht's?

Feedback von Test-Kandidaten kann wertvolle **Informationen** liefern, um den Prototyp **weiterzuentwickeln**, allerdings neigen Testkandidaten dazu, ihre Gedanken recht unstrukturiert und durcheinander mitzuteilen. Das Feedback-Kreuz ist ein Tool, mit dem Sie **Ordnung** ins Feedback-Chaos bringen können.

Ziel

Feedback **sortieren**

Steps

Zeichnen Sie ein Kreuz an ein Whiteboard.

Markieren Sie die vier Felder: + (oben links), – (unten links), ? (oben rechts) und ! (unten rechts).

Clustern Sie das Feedback, das Sie erhalten haben: + (positiv), – (negativ), ? (offene Fragen und Unklarheiten) und ! (neue Ideen).

Diskutieren Sie im Team, welchen Aspekten des Feedbacks Sie in einer nächsten Iterationsschleife Aufmerksamkeit schenken wollen. Positive Aspekte können weiter ausgebaut werden, negative Aspekte sollten Sie hinterfragen. Hatten Teilnehmer offene Fragen, deutet das entweder auf ein verwirrendes Test-Szenario hin oder darauf, dass der Prototyp noch nicht zu Ende gedacht ist. Zusätzliche Ideen der Teilnehmer können als **Inspirationsquelle** für die **Weiterentwicklung** der Idee dienen.

- Whiteboard
- Board-Marker
- Post-its
- Stifte

Weiter mit
Interation

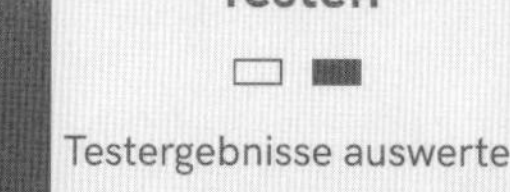

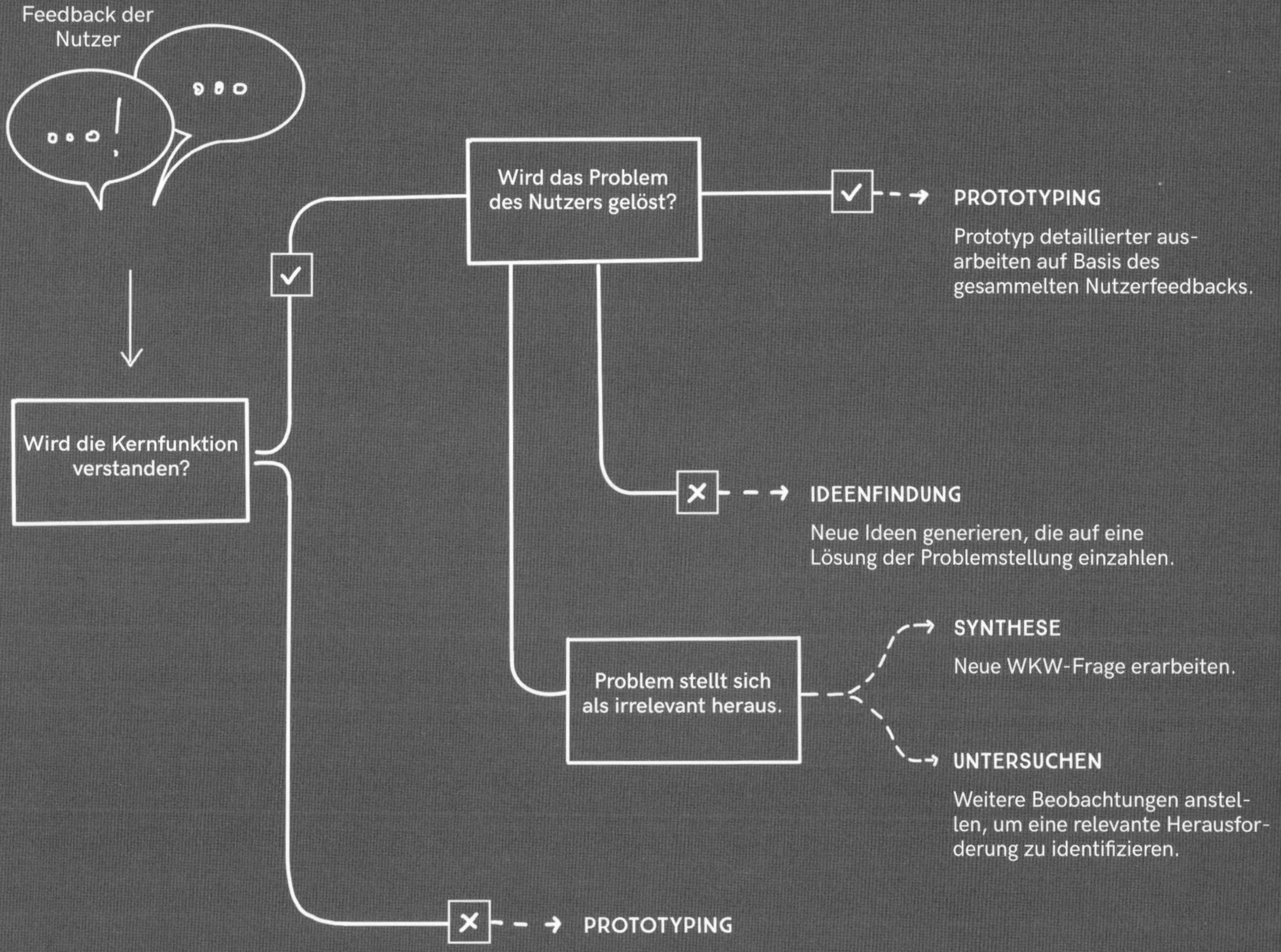

Feedback der Nutzer

Wird die Kernfunktion verstanden?

Wird das Problem des Nutzers gelöst?

PROTOTYPING

Prototyp detaillierter ausarbeiten auf Basis des gesammelten Nutzerfeedbacks.

IDEENFINDUNG

Neue Ideen generieren, die auf eine Lösung der Problemstellung einzahlen.

Problem stellt sich als irrelevant heraus.

SYNTHESE

Neue WKW-Frage erarbeiten.

UNTERSUCHEN

Weitere Beobachtungen anstellen, um eine relevante Herausforderung zu identifizieren.

PROTOTYPING

Iteration

Worum geht's?

Design Thinking ist ein iterativer Prozess, das bedeutet: Wenn ein Test zu Ende ist, ist die Innovation nicht zwangsläufig fertig entwickelt. Im Gegenteil: Nun gilt es, den Prototyp auf Basis des Nutzer-Feedbacks **weiterzuentwickeln** und zu entscheiden, mit welchem Prozessschritt Sie als Konsequenz daraus weitermachen wollen. Die Grafik auf der Vorderseite dieser Karte zeigt den entsprechenden Entscheidungsbaum.

Ziel

Nächsten **Prozessschritt bestimmen**

Steps

Nachdem das Nutzerfeedback ausgewertet wurde, versammeln Sie sich im Team und beantworten die folgenden Fragen:

Wurde die Kernfunktion des Prototyps von den Nutzern verstanden?
Ist das nicht der Fall, sollten Sie über einen neuen Prototyp nachdenken, der für die Nutzer leichter verständlich ist.

Hat der Prototyp geholfen, die Probleme des Nutzers zu lösen bzw. hat der Test eine zielführende Richtung vorgegeben?
An dieser Stelle werden oftmals Probleme mit der zugrunde liegenden Problemstellung identifiziert. Kehren Sie zur Synthese-Phase zurück, um Unstimmigkeiten in der Interpretation zu entdecken und eine neue WKW-Frage zu erstellen, wenn sich herausstellt, dass Sie die Bedürfnisse des Nutzers nicht richtig verstanden haben. Gegebenenfalls können weitere Untersuchungen hilfreich sein.

Wenn Sie sich sicher sind, dass das Problem verstanden wurde, der Prototyp aber dennoch nicht die gewünschte Resonanz erzielt, sollten Sie eine neue Ideenfindung starten, um das Problem zu lösen.

Der Prototyp kam gut beim Nutzer an oder hat Ihre Erwartungen erfüllt? In diesem Fall sollten Sie den Prototyp nun verfeinern. Bleiben Sie mit den Nutzern in engem Kontakt, um mithilfe von ständigen Feedbackschleifen ein wahrhaft großartiges Produkt zu kreieren!

- Whiteboard
- Board-Marker
- Post-its
- Stifte
- Klebepunkte

Weiter mit

Mit dem selbst gewählten Prozessschritt weitermachen und den Design-Thinking-Prozess ab hier erneut durchlaufen.

Stifte-Stierkampf

Worum geht's?

Der Stifte-Stierkampf eignet sich als **spaßige Eröffnung für Gruppen**. Ziel ist es, einen Stift auf der eigenen Hand zu balancieren und dabei die Stifte der anderen Mitspieler herunterzuschubsen. Dieses Warm-up ist rasch umgesetzt und braucht keinerlei Vorbereitung.

Ziel

Bewegen, Energie tanken

Steps

Jeder Mitspieler balanciert einen Stift auf der eigenen Hand. Dazu wird der Stift auf den ausgestreckten kleinen Finger und Zeigefinger gelegt. Diese beiden Finger symbolisieren die Hörner des Stiers.

Verteilen Sie sich im Raum und versuchen nun, die Stifte der anderen Mitspieler mit dem eigenen „Stier" herunterzuschubsen.

Es sind nur Berührungen mit der entsprechenden Hand erlaubt.

Wer als letztes seinen Stift balanciert, gewinnt das Spiel.

- Stifte

Passt wann?
Start in den Tag/nach der Essenspause

Berühre etwas Blaues

Worum geht's?

Teammitglieder berühren etwas Blaues im Raum. Oder etwas Erheiterndes. Oder etwas, das leise ist. Und lernen auf diese Weise ihre Umgebung neu kennen. Dieses Warm-up ist ohne jede Vorbereitung durchzuführen und daher sehr **zeitsparend**.

Ziel

Umgebung neu erkunden, **Kreativität freisetzen**

Steps

Fangen Sie mit der ersten Regel an: Jedes Teammitglied soll etwas Blaues im Raum finden und berühren.

Reihum denkt sich jedes Teammitglied nun eine neue Regel aus. Der Kreativität sind dabei keine Grenzen gesetzt. Wie wäre es mit „etwas, das glücklich macht", „etwas, das man gerne mit nach Hause nehmen möchte" oder „etwas, das gegen eine Zombie-Invasion hilft"?

Jedes Teammitglied erklärt nach jeder Runde, warum seine Wahl genau auf diesen Gegenstand gefallen ist.

Passt wann?
Ideenfindung/Prototyping

Ja-Und-Partyplanung

Worum geht's?

Ideenfindung klappt besser, wenn man auf Vorhergesagtem aufbaut, statt mit einem „nein, aber ..." alles infrage zu stellen. Dieses Warm-up liefert den Beweis dafür. Es ist erstaunlich, wie konstruktive Vorschläge den **Möglichkeitenhorizont** erweitern.

Ziel

An vorher geäußerte Ideen anknüpfen, **gemeinsam** im **Team** Neues schaffen

Steps

Alle Teammitglieder stehen im Kreis und planen den gemeinsamen Feierabend (oder einen Neujahrsempfang oder eine Party).

Ein Teammitglied äußert eine Idee: „Lass uns doch in eine Bar gehen."

Das nächste Teammitglied knüpft an, sein Satz muss mit „Nein, aber ..." beginnen: „Nein, aber in Bars wird immer geraucht. Lass uns lieber in den Biergarten gehen."

Das nächste Teammitglied gibt ein „Nein, aber ..."-Statement ab: „Nein, aber da ist es zu kalt. Lass uns lieber ins Kino gehen." Das Ganze läuft eine Minute so weiter.

Nun ändern sich die Regeln. Die Sätze müssen mit „Ja, und ..." beginnen: „Ja, und in der Bar sollten wir alle Bier trinken." – „Ja, und nach dem dritten Bier spielen wir eine Runde Billard!" – „Ja, und wer verliert, muss auf dem Tisch tanzen!"

Lassen Sie das Team die Ergebnisse aus der „Nein, aber ..."- und der „Ja, und ..."-Runde vergleichen. Fragen Sie auch, wie sich die Stimmung in den beiden Runden geändert hat.

Passt wann?
Ideenfindung/Prototyping

Danish Clapping Game

Worum geht's?

Zwei Menschen, die sich gegenüber stehen, versuchen ihre Körperbewegungen zu synchronisieren. Schaffen sie es, gibt es ein High Five. Je schneller das Spiel wird, desto **wacher** sind die **Teilnehmer** am Ende. Dieses Warm-up eignet sich besonders für Gruppen, die sich bereits **kennen** und in denen keine hohe Formalität herrscht.

Ziel

Bewegen, Energie tanken

Steps

Zwei Teammitglieder stehen sich gegenüber.

Beide Teammitglieder klatschen sich auf die eigenen Oberschenkel.

Anschließend führen die beiden Teammitglieder gleichzeitig eine der folgenden Bewegungen aus, ohne sich abzusprechen: Beide Arme nach oben, beide Arme nach links, beide Arme nach rechts. Danach klatschen sich beide wieder auf die eigenen Oberschenkel.

Haben es die beiden zufällig geschafft, sich mit der Bewegung zu spiegeln, dann geben sie sich als nächstes ein High Five und klatschen sich anschließend erneut auf die eigenen Oberschenkel.

Weiter geht es mit der nächsten Bewegung. Es wird versucht, im Laufe des Spiels die Geschwindigkeit der Bewegungen zu erhöhen.

Passt wann?

Teambuilding/Start in den Tag/ nach der Essenspause

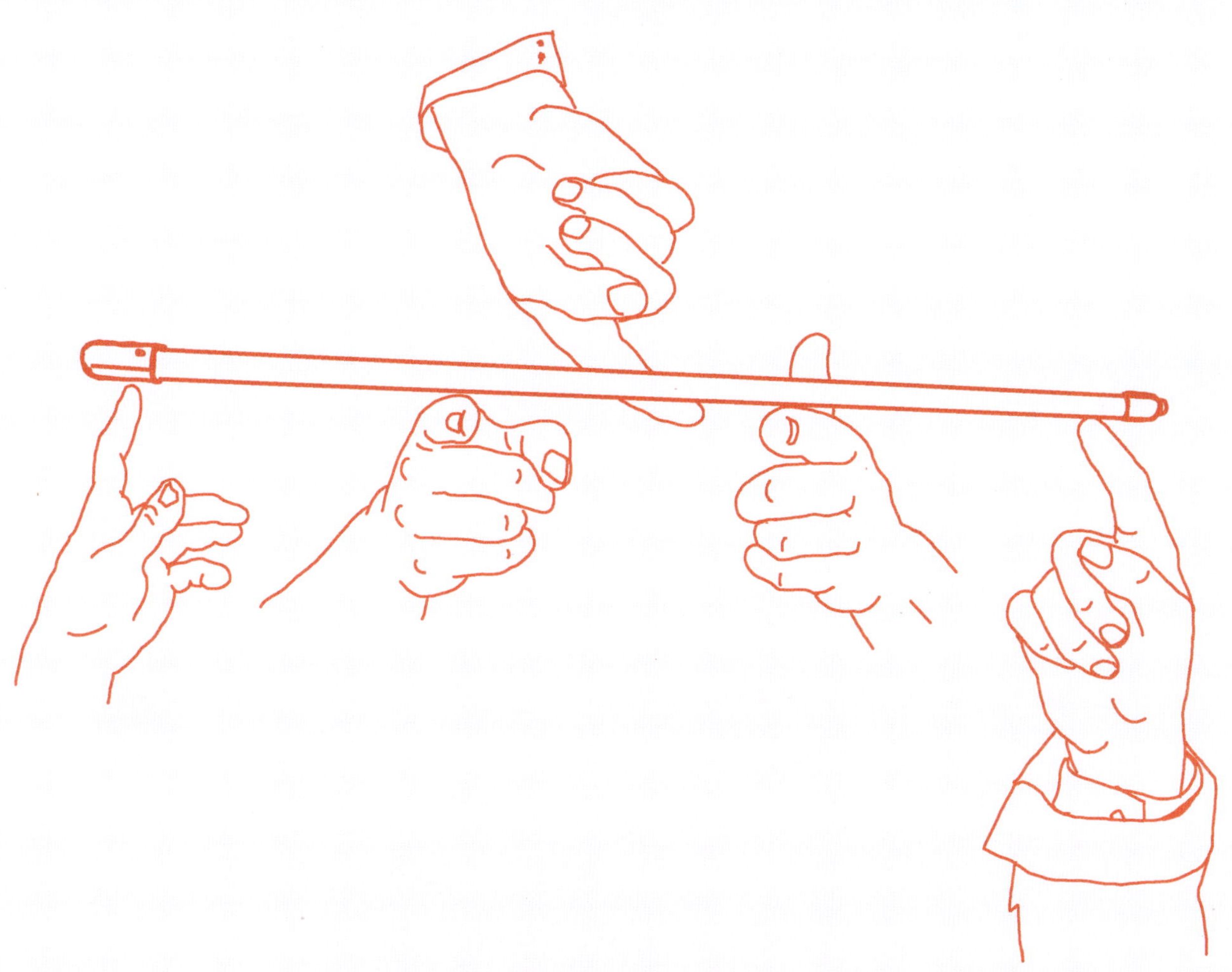

Runter damit!

Worum geht's?

Ein langer Stab (Besenstiel o. Ä.) muss langsam auf dem Boden abgelegt werden. Weil jedes Teammitglied dabei nur einen Finger benutzen darf, ist echtes **Teamwork** gefragt.

Ziel

Koordination, **Teamwork** stärken

Steps

Alle Teammitglieder stehen in einer Reihe, jeder streckt einen Arm und an diesem den Ringfinger nach vorne.

Positionieren Sie einen langen Stab (Besenstiel o. Ä.) derart auf den ausgestreckten Fingern, dass die Teammitglieder ihn balancieren können.

Das Team muss gemeinsam diesen Stab langsam auf den Boden legen. Ziel ist, dass er dabei nicht von den Fingern rutscht oder herunterfällt.

- Länglicher Gegenstand

Passt wann?
Teambuilding/Prototyping

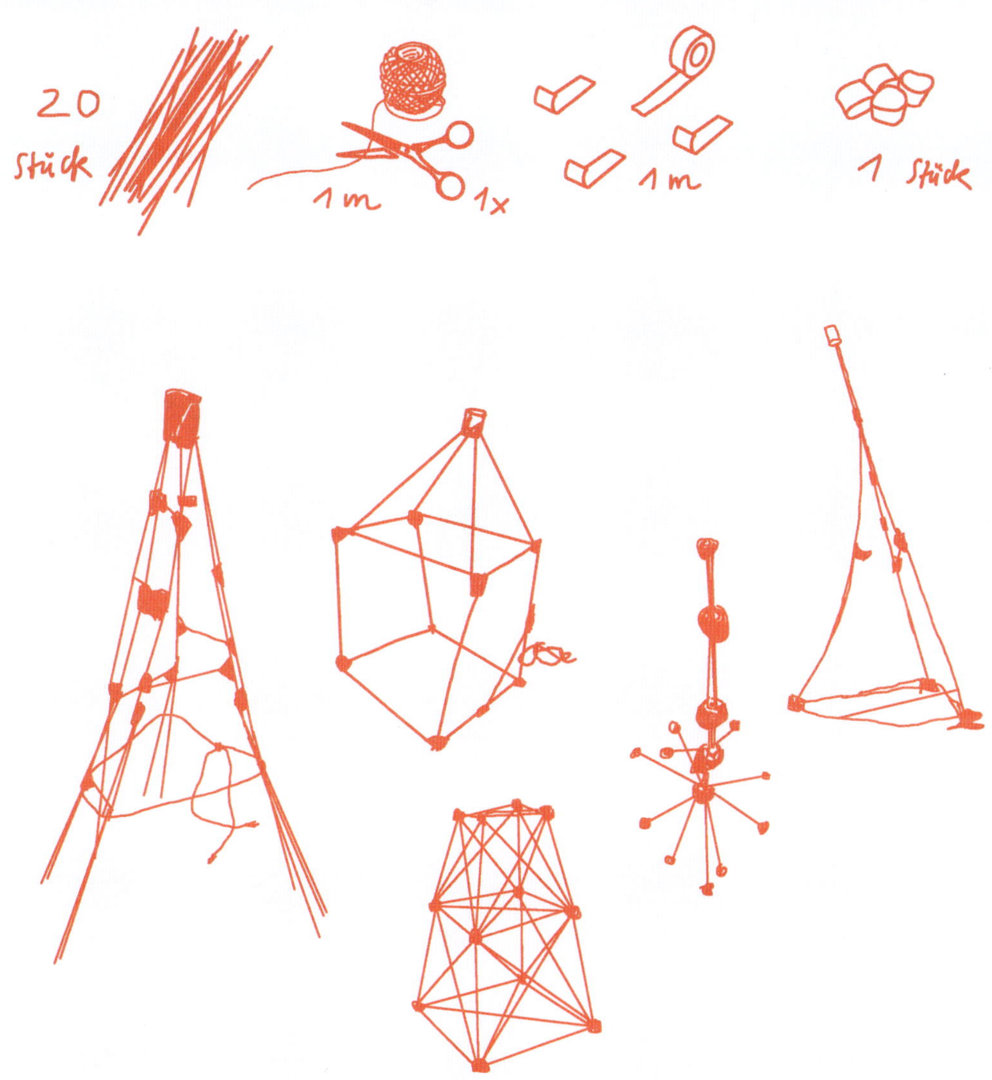

Marshmallow Challenge

Worum geht's?

Zwei Gruppen bauen gegeneinander einen Turm, der nur aus ungekochten Spaghetti, einem Bindfaden, Klebestreifen und einem Marshmallow bestehen darf. Der höhere Turm gewinnt. Mindestens ebenso spannend ist die Frage: Welche **Strategie** ist am erfolgversprechendsten?

Ziel

Teamwork stärken, Rollen im Team reflektieren

Steps

Teilen Sie Ihre Teammitglieder in zwei gleich große Gruppen ein.

Geben Sie jeder Gruppe 20 Spaghetti, einen Meter Bindfaden, eine Schere, einen Meter Klebeband und ein rohes Marshmallow.

Erklären Sie die Regeln: „Aus diesen Materialien sollen die Teams innerhalb von 18 Minuten einen frei stehenden Turm bauen. Das Marshmallow darf nur oben eingesteckt oder aufgelegt werden. Der höchste Turm hat gewonnen!"

Es gelten ausschließlich die Regeln, die Sie erklärt haben. Weitere Regeln existieren nicht. Verweisen Sie darauf, falls Rückfragen aus den Gruppen kommen.

Nach 18 Minuten wird gemessen.

Reflektieren Sie: Wie haben die Gruppen jeweils den Turm gebaut? Wer hat welche Entscheidungen getroffen? Wie wurde die Arbeit verteilt?

Geben Sie zum Schluss die zusätzliche Information mit auf den Weg, dass der Marshmallow-Turm seit Jahrzehnten in Management-Weiterbildungen und Workshops benutzt und in Internet-Foren ausgewertet wird. Es hat sich herausgestellt, dass Akademiker, vor allem Juristen und Manager, besonders schlecht abschneiden. Besonders gut sind hingegen Kindergartenkinder: Statt lange Pläne zu schmieden, bauen sie einfach drauflos und merken während des Bauens, wie man die Materialien am besten kombinieren kann.

- Ungekochte Spaghetti
- Marshmallows
- Klebebänder
- Bindefäden
- Scheren

Passt wann?
Teambuilding/Prototyping